ざっくりわかる
トポロジー

内側も外側もない「クラインの壺」ってどんな壺?
「宇宙の形」は1本の「ひも」を使えばわかる?

名倉真紀
今野紀雄

SB Creative

著者プロフィール

名倉真紀（なぐら まき）

愛媛大学理学部数学科卒。愛媛大学大学院理学研究科修士課程修了。津田塾大学大学院理学研究科博士課程単位取得退学。横浜国立大学工学部生産工学科応用数学文部技官、横浜国立大学工学部生産工学科応用数学助手を経て、現在、横浜国立大学大学院工学研究院特別研究教員。訳書に『変換群入門』『数学を語ろう！1幾何篇』（シュプリンガー）、『オズの数学』（産業図書）がある。

今野紀雄（こんの のりお）

東京大学理学部数学科卒。東京工業大学大学院理工学研究科博士課程単位取得退学。室蘭工業大学数理科学共通講座助教授、コーネル大学数理科学研究所客員研究員を経て、現在、横浜国立大学大学院工学研究院教授。おもな著書に『マンガでわかる統計入門』『マンガでわかる複雑ネットワーク』（サイエンス・アイ新書）、『図解雑学 複雑系』『図解雑学 確率』『図解雑学 確率モデル』（ナツメ社）など多数。

本文デザイン・アートディレクション：クニメディア株式会社
イラスト：クニメディア株式会社、井上行広
校正：曽根信寿

はじめに

　この本では、数学の幾何学の一分野である**トポロジー**の考え方を、厳密性にはこだわらず、**ざっくり説明**します。
　「トポロジーの国」では、**図形を伸ばしたり、縮めたり、曲げたりしても、同じ形であり、同じ形のものは同じ図形**となります。三角形、四角形、五角形、……は区別せず、円板と同じものになり、すべて、円板と呼ばれます。この国では、我々が普通、円板と呼ばないものが円板になるのです。バットやラケットで打った野球ボールやテニスボールは、普通、「形を変えながら空中を飛んでいる」と考えますが、トポロジーの国では、ボールが破れない限り、飛んでいる途中の形はすべて同じです。
　そんな見方をすれば、「すべて同じものになってしまうのではないか？」と思うかもしれませんが、そうではありません。たとえば、コーヒーカップは、取っ手の部分をクローズアップすることで、ドーナツと同じ形になりますが、球体とは異なるものとなります。ここで、数学で扱う「球体」というのは、中身の詰まったボールのような物体で、おもちゃのスーパーボールのような物のことをいいます。
　トポロジーの視点で、2つの図形が同じものであるか

否かを判断するのは、一般には難しいのですが、さまざまな「道具」を用いることで、判断できたり、できなかったりします。これらの道具を使うと、トポロジーの視点で図形の特徴を捉えることができます。このような道具のことを**位相不変量**といいます。

我々は、3次元空間の中に生きているので、3次元を超える形は目の前の物体として再現できず、イメージするのが極端に難しくなります。ゆがんだ平面、すなわち、曲面はイメージできても、ゆがんだ空間はイメージできません。しかし、数学的に実在するイメージできない図形も、位相不変量を通して、トポロジーの視点で考えることができます。

イメージできる図形、イメージできない図形を考えるとき、興味深いことは**閉曲面**にあります。くわしくは本文で説明しますが、閉曲面というのは、文字どおり「閉じた曲面」のことをいい、具体的には、球面や浮き輪のような曲面のことです。球面とは、球体の表面の部分の図形で、ビーチボールのような形の物体です。

閉曲面をトポロジーの視点で分類すると、その穴の数で区別できることがわかっています。つまり、ビーチボールの穴の数は0個、浮き輪の穴の数は1個なので、それらは異なる物体であり、(1人乗りの)浮き輪と2人乗りの浮き輪も、穴の数がそれぞれ、1個、2個なので、異なる物体になります。

異なる閉曲面を比べてみると、それらの**曲がり具合**に

違いがあることがわかります。たとえば、我々3次元の立場では、球面は曲がっていると認識できます。そして、平面は曲がっておらず平らであり、平らな平面と曲がった球面とは、曲がり具合が異なっていると理解できます。浮き輪の曲がり具合は、場所によって違いますが、平均すると、球面とは異なる曲がり具合をしていることがわかっています。「曲げても同じ形である」はずのトポロジーで、この結果は意外です。

　この曲がり具合を3次元多様体、すなわち、ゆがんだ空間の分類に適用したのが**幾何化予想**です。提起されてから約100年間にわたって数学者を悩ませた有名な**ポワンカレ予想**は、2003年ごろ、幾何化予想が証明されたことで解かれました。これらのことは、第9章と第10章で概説します。

　本書は、数学に興味のある高校生や社会人を対象に、大学で数学を学んでいなくても理解できるように書きました。トポロジーの発想や考え方に少しでも興味を持ってもらえたら幸いです。

　最後になりましたが、科学書籍編集部の石井顕一さんには大変お世話になりました。幾度となく校正にもつき合ってくださり、ありがとうございました。また、図版を作成していただいた方々には、細かい修正にも対応していただき感謝いたします。そして、このような執筆の機会を与えてくださった今野紀雄教授に心から感謝申し上げます。

2018年2月　名倉真紀

ざっくりわかるトポロジー

内側も外側もない「クラインの壺」ってどんな壺？「宇宙の形」は1本の「ひも」を使えばわかる？

CONTENTS

はじめに ……………………………………………………………………………………… 3

chapter 1 トポロジーって何？
「同じ形」とはどんなもの？ ………………………… 9
- **1-1** 「同じ形」とはどういうことか？ ……………………………………… 10
- **1-2** 位相の「相」とは何か？ ………………………………………………… 12
- **1-3** 「同相」な図形ってどんな図形？ ……………………………………… 14
- **1-4** 位相の「位」とは何か？ ………………………………………………… 16
- **1-5** 100年後に証明されたポワンカレ予想 ………………………………… 18
- Column 1　「略図」「路線図」は身近なトポロジー ……………………… 20

chapter 2 グラフって何だろう？
「一筆書き」できるか、できないか ………………… 21
- **2-1** 「ケーニヒスベルクの橋」の問題 ……………………………………… 22
- **2-2** 「オイラーグラフ」とは何か？ ………………………………………… 24
- **2-3** オイラーグラフの条件 ………………………………………………… 26
- **2-4** 「ハミルトングラフ」とは何か？ ……………………………………… 28
- **2-5** トポロジーの語源と発展 ……………………………………………… 30
- Column 2　「ボロミアンの輪」は線を横切らずにたどれる？ ………… 32

chapter 3 位相不変量を知る
図形を区別できる道具 ……………………………… 33
- **3-1** 「ユークリッド空間」とは何か？ ……………………………………… 34
- **3-2** 「図形」とは何か？ ……………………………………………………… 36
- **3-3** 「位相不変量」とは何か？ ……………………………………………… 38
- **3-4** 「成分数」と「次元」は位相不変量 …………………………………… 40
- **3-5** オイラー標数が求まる「三角形分割」とは？ ………………………… 42
- **3-6** 「セル分割」でオイラー標数を求める ………………………………… 44
- **3-7** 「正多面体」のオイラー標数 …………………………………………… 46
- **3-8** 「T1、T2」のオイラー標数 ……………………………………………… 48
- Column 3　「3つのひし形」は線を横切らずにたどれる？ …………… 50

chapter 4 写像とは何か？
トポロジーの理解に欠かせない「連続写像」 … 51
- **4-1** 「写像」は集合から集合への対応 ……………………………………… 52
- **4-2** 「連続写像」とはどういうものか？ …………………………………… 54
- **4-3** 「同相写像」とはどういうものか？ …………………………………… 56
- **4-4** 「同相写像」を例で考える ……………………………………………… 58
- **4-5** イソトピー変形とホモトピー変形 …………………………………… 60
- **4-6** 「デーンツイスト」という同相写像 …………………………………… 62
- Column 4　「不動点定理」とは何か？ …………………………………… 64

サイエンス・アイ新書

chapter 5 　多様体とは何か？
2次元多様体とは曲面のこと …… 65

- **5-1** 「多様体」とはどういうものか？ …… 66
- **5-2** 多様体には「座標」が描ける …… 68
- **5-3** 「境界を持つ多様体」は行き止まりのある図形 …… 70
- **5-4** 「開多様体」と「閉多様体」の違い …… 72
- **5-5** 「境界を持つ多様体」の例 …… 74
- **5-6** 閉曲面の「展開図」とは？ …… 76
- **5-7** 目では見られないが展開図で表せる「射影平面」 …… 78
- **5-8** 曲面の内側が外側にある「クラインの壺」 …… 80
- **5-9** 多様体の「向き」を考える …… 82
- **5-10** 「メビウスの帯」の個数で分類される「向き付け不可能な閉曲面」 …… 84
- **5-11** 「向き付け不可能な閉曲面」の「オイラー標数」 …… 86
- **Column 5** DNAや遺伝子組み換え酵素もトポロジー的？ …… 88

chapter 6 　埋め込み図形とはめ込み図形
空間の中の図形を考える …… 89

- **6-1** 「正則な射影図」とは？ …… 90
- **6-2** 交差交換で「自明な結び目」にする …… 92
- **6-3** 4次元空間の中の結び目 …… 94
- **6-4** 「埋め込み」とは何か？ …… 96
- **6-5** 結び目が境界の「ザイフェルト曲面」 …… 98
- **6-6** 「結び目の種数」は「結び目の不変量」 …… 100
- **6-7** 「はめ込み」とは何か？ …… 102
- **6-8** 「結び目を境界とする曲面」のはめ込み …… 104
- **6-9** 「射影平面」のはめ込み …… 106
- **6-10** 4次元空間の中で「クラインの壺」はどうなる？ …… 108
- **Column 6** 3次元空間の射影平面はどんな形？ …… 110

chapter 7 　基本群を知る
「閉じたひも＝ループ」について考えてみよう …… 111

- **7-1** ひもが回収できるかできないかでわかる曲面の形 …… 112
- **7-2** 1点に縮められれば「単連結」 …… 114
- **7-3** 「ホモトピックなループ」とは？① …… 116
- **7-4** 「ホモトピックなループ」とは？② …… 118
- **7-5** 「基本群」とは何か？ …… 120
- **7-6** 「生成元」とは何か？ …… 122
- **7-7** 「円周」の基本群 …… 124
- **7-8** 「トーラス」の基本群 …… 126
- **Column 7** 橋かけゲーム …… 128

SB Creative

CONTENTS

chapter 8 結び目の不変量
動かさなくても同値かどうかわかる ……………………… 129
- **8-1** 2つの結び目が同値かどうかわかる「結び目の不変量」… 130
- **8-2** 3つの変形「ライデマイスター変形」……………………… 132
- **8-3** 「3彩色可能性」は結び目の不変量 ……………………… 134
- **8-4** 3彩色可能の可否は「連立方程式」でもわかる ………… 136
- **8-5** 「結び目解消操作の最小数」は結び目の不変量 ………… 138
- **Column 8** 「複雑ネットワーク」とは何か? ………………………… 140

chapter 9 曲面の幾何
3種類の曲率 ………………………………………………… 141
- **9-1** 曲がり具合が同じな「等質多様体」……………………… 142
- **9-2** 「曲率」は「曲線」の曲がり具合 ………………………… 144
- **9-3** 「ガウス曲率」は「曲面」の曲がり具合 ………………… 146
- **9-4** 円柱や円錐はガウス曲率が0!? ………………………… 148
- **9-5** 平坦トーラスは曲率0 …………………………………… 150
- **9-6** 「球面」と「射影平面」は楕円幾何を持つ ……………… 152
- **9-7** 「2人乗りの浮き輪」は双曲幾何を持つ ………………… 154
- **9-8** 「球面三角形」は内角の和が180°より大きい ………… 156
- **9-9** ガウス・ボンネの公式①──楕円幾何 ………………… 158
- **9-10** ガウス・ボンネの公式②──ユークリッド幾何 ……… 160
- **9-11** ガウス・ボンネの公式③──双曲幾何 ………………… 162
- **9-12** 閉曲面の曲率とオイラー標数との関係 ………………… 164
- **Column 9** グラフの「複雑度」とは? …………………………… 166

chapter 10 宇宙ってどんな形?
可能性があるのはどんな形だろうか? ……………………… 167
- **10-1** 宇宙の形は「3次元多様体」? …………………………… 168
- **10-2** 1次元球面と2次元球面 ………………………………… 170
- **10-3** 3次元球面──楕円幾何 ………………………………… 172
- **10-4** 3トーラス──ユークリッド幾何 ……………………… 174
- **10-5** $K^2 \times S^1$──ユークリッド幾何 ………………………… 176
- **10-6** レンズ空間──楕円幾何 ………………………………… 178
- **10-7** ポワンカレ12面体空間──楕円幾何 …………………… 180
- **10-8** ザイフェルト・ウェーバー空間──双曲幾何 ………… 182
- **10-9** 積と束 …………………………………………………… 184
- **10-10** 幾何化予想 ……………………………………………… 186
- **Column 10** ハムサンドイッチの定理 ………………………… 188

参考文献 ……………………………………………………… 189

索引 …………………………………………………………… 190

chapter 1

トポロジーって何？
「同じ形」とはどんなもの？

　トポロジーという数学の世界では、「図形は柔らかいゴムのようなものでできている」と考えて、伸ばしたり、縮めたり、曲げたり、ゆがめたりして重ねられるものは「同じもの」とみなします。この章では、同じ形とはどんなものかを学びます。

1-1 「同じ形」とはどういうことか？

　幾何学は、ものの形を一定の視点で観察し、その性質を調べたり区別したりする学問です。視点が異なるさまざまな幾何学の分野があります。

　読者の皆さんは、小・中学校の算数・数学の授業で、図形の面積や体積を計算したことでしょう。これは**ユークリッド幾何学**と呼ばれる幾何学の分野です。2つの図形が**合同**すなわち**同じ形**であるとは、一方の図形を動かして、もう一方の図形にぴったり重なるということでした。つまり、皆さんは、**合同＝同じ形**という視点で図形を調べる学問を習っていたのです（図1-1-1）。

　2つの図形が合同であるかどうかは、重ねてみればわかることですが、重ねられないこともしばしばあるでしょう（図1-1-2）。そんなとき、区別するための「道具」を思い出せるでしょうか？ このような「道具」は**不変量**と呼ばれます。たとえば、平面図形の面積や立体図形の体積は不変量です。合同な図形では変わりません。つまり、それらの値が異なれば、合同ではないのです。また、多角形では、内角の和は不変量です。三角形では180°、四角形では360°なので、三角形と四角形は合同ではありません（図1-1-3）。

　同じ形とはどういうことかという視点を変えると、別の幾何学の分野になります。たとえば、位相幾何学、射影幾何学、アフィン幾何学などがあります。図形の曲がり具合を考慮した微分幾何学という分野では、ユークリッド幾何学での平行線の公理が成立しない非ユークリッド幾何学も研究対象です。本書では、**位相幾何学**（トポロジー）と**微分幾何学**の入門的な内容を、図を用いてわかりやすく解説します。

chapter 1　トポロジーって何?

図 1-1-1

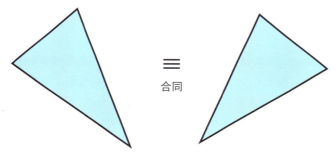

図 1-1-2

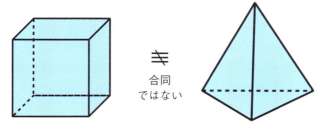

図 1-1-3

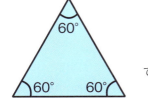 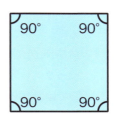

1-2 位相の「相」とは何か?

　位相幾何学の**位相**は、**位置**と**形相**の2つの言葉を複合して短縮した言葉です。つまり、**位相幾何学は図形の位置と形を研究する学問**といえます。まず、位相の**相**(形)について説明します。

　位相幾何学での**相**すなわち**形**は、ユークリッド幾何学よりも大ざっぱに区別されます。この幾何学では三角形と四角形を区別しません(図1-2-1)。図形は伸縮自在の柔らかいゴムのような弾性物質でできていると考えて、折り曲げたり、引き伸ばしたり、ねじったり、縮めたりしても、元の図形と**同じ形**だと考えます。この本では、このような図形の変形の仕方を、**ハサミとノリを使わない変形**と呼ぶことにします。

　図形の一部を切断し、ハサミとノリを使わない変形を行ったとしても、切ったところを元どおりにつなげば、元の図形と最後の図形は**同じ形**とみなします。このような図形の変形の仕方を、**ハサミとノリを使う変形**と呼ぶことにします。

　たとえば、1本の太さのない理想的なひもを用意します。このひもを適当に結び、両端をくっつけて輪にしたと考えてください。このような、空間における閉じた曲線は、**結び目**と呼ばれます。図1-2-2の結び目Aにいわゆる通常の「結び目」はありませんが、これも数学的には結び目です。結び目Aの1カ所を切り、固結びをつくって、切ったところを元どおりにくっつけたものが結び目Bです。結び目Aと結び目Bは同じ形です。

　以上のような**同じ形**のことを、トポロジーでは**同相**といいます。トポロジーでは図形を考えるとき、その図形自身の**つながり具合**を重視します。

chapter 1 トポロジーって何?

図 1-2-1

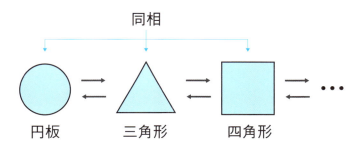

図 1-2-2

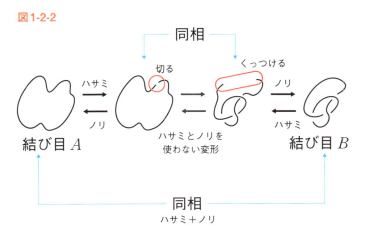

1-3 「同相」な図形ってどんな図形？

　同相な図形の例を挙げましょう。トポロジーでよく取り上げられる同相な図形の例として、コーヒーカップとドーナツがあります。どちらかが柔らかいゴムなどでできていると考えると、前項で述べた**ハサミとノリを使わない変形**により、一方を他方に変形できるからです。これら2つの図形をトポロジーでは区別しません。どちらも**トーラス体**と呼ばれます（図1-3-1）。

　簡単な例を挙げましょう。アルファベットのC、I、J、L、M、N、S、U、V、W、Zはすべて同相です。すべて1本の線分を曲げてできる文字だからです。DとOも同相です。Dを丸くしてOにすることができるからです。E、F、T、Yも同相です。以上は、ハサミとノリを使わない変形でうつり合う図形の例です。

　次に、**ハサミとノリを使う変形**でうつり合う図形の例を示します。図1-3-2に**円環面**と呼ばれる図形があります。この図形を図のようにハサミで切り、**整数回**ねじった後、切り口を元通りに貼り合わせた図形は円環面と同相になります。どちらにねじっても同相です。

　また、円環面をさきほどと同様に切り、今度は、図1-3-3のように**半回転**（0.5回）ねじって、切り口を逆向きに貼り合わせてみましょう。ご存じかもしれませんが、この図形は**メビウスの帯**と呼ばれます。切り口を元通りに貼り合わせていないので、円環面とメビウスの帯は同相ではありません。ねじる回数を1.5回、2.5回、3.5回、…としたものもすべてメビウスの帯と同相です。さきほどと同様にねじる方向に関係なく、すべてメビウスの帯と同相になります。

図1-3-1

図1-3-2

図1-3-3

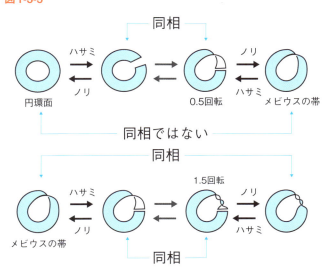

1-4 位相の「位」とは何か？

　この項では位相の**位**（位置）について解説します。**位すなわち位置は、図形とその入れものである周りの平面や空間との関係を表すものです**。

　1-2の結び目Aと結び目Bは、ひも自体のつながり具合は同じですが、周りの3次元空間を考慮した場合、異なるものとする考え方があります。「3次元空間の中の図形」として、これらは、ハサミとノリを使わない変形では決して互いにうつり合えません。周りの空間がその中の図形の位置に影響を与えるからです。

　周りの空間を考慮する場合、3次元空間の中の「結び目」のない結び目と、「結び目」のある結び目は同じ形ではありません。この場合の**同じ形**のことを、**同相**と区別して**同値**といいます。結び目Aと結び目Bは同相ですが、同値ではありません（図1-4）。

　周りの空間を4次元空間にすると、結び目Aと結び目Bはハサミとノリを使わない変形で互いにうつり合います。もっというと、3次元空間では結ばれていてほどけなかった結び目が、4次元空間ではほどけてしまいます（6-3参照）。

　クラインの壺という不思議な曲面があります。この曲面には曲面同士が交差する部分があります。この交差する部分は、3次元空間の中でどんなにハサミとノリを使わない変形をしても、あるいはハサミとノリを使う変形をしても、取り除けない（解消されない）ことがわかっています。しかし、周りの空間を1次元広げて4次元空間にすると、ハサミとノリを使わない変形で取り除くことができます。クラインの壺にとって、3次元空間は狭すぎるのです。これについては5-8、6-10で解説します。

chapter 1 トポロジーって何?

図1-4

図形そのものは同相である。しかし……

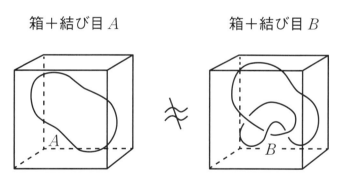

入れものに入ったものとしては同じではない。同相だが同値ではない

1-5 100年後に証明されたポワンカレ予想

2000年、アメリカのクレイ数学研究所は**ミレニアム懸賞問題**として、数学における7つの未解決問題を提示しました（懸賞金は、どれも100万ドル）。その1つに**ポワンカレ予想**という問題があります。この問題は、1904年にフランスの数学者アンリ・ポワンカレ(1854～1912年)が予想した、トポロジーに関する次の命題です。

「単連結な3次元閉多様体は3次元球面と同相である」

この予想が正しいかどうかは20世紀中には解決されませんでしたが、2003年ごろ、ロシアの数学者グリゴリー・ペレルマン(1966年～)によって正しいことが証明されました。その功績で、彼は数学のノーベル賞といわれる**フィールズ賞**の受賞が決まったのです。

しかし、2006年にスペインのマドリードで開催された国際数学者会議（ここで、フィールズ賞の受賞式がある）に彼は出席しませんでした。また、フィールズ賞もミレニアム賞も辞退し、懸賞金100万ドルの受け取りも拒否したのです。そんなわけで当時このことは話題になり、人々の「懸賞金を辞退する人ってどんな人？ トポロジーってなに？」という疑問から、その後、新聞や雑誌などに取り上げられ、NHKなどでペレルマンやトポロジーについての番組が放送されました。

ポワンカレ予想はトポロジーの分野での問題だったのですが、ペレルマンの証明は**微分幾何学**や**物理学**を用いたものだったので、当時の位相数学者はペレルマンの証明をすぐには理解できず、そもそもそれが位相幾何学的手法での証明ではなかったことに驚きを隠せませんでした。

chapter 1 トポロジーって何？

アンリ・ポワンカレ　　　　　　　　　　　　　　　©Boyer/Roger-Viollet

● Column 1

「略図」「路線図」は身近なトポロジー

　ここまで読んで、「トポロジーは非現実的で難しい……」という印象を持ったかもしれません。コーヒーカップとドーナツは実際には違う形であり、これを同じものとみなす発想に違和感を抱いたことでしょう。

　筆者も大学生になって初めて授業でこの学問を知り、高校数学のように「計算して答えを求める」というものではなかったので、どのように考えたらいいのか苦心しました。

　しかし、トポロジーの発想は身近なところに使われています。

　たとえば、道を聞かれたとき、**略図**を描いて説明すれば一目瞭然ですが、そのとき、道幅や距離を正確に描く必要はありません。道筋は単に線で示せばよく、どの交差点でどちらに曲がるかが示されていればよいのです。「**不要な情報を捨てる**」ということが、トポロジーの考え方であるといえます。

　また、電車を乗り継いで目的地に行くとき、「どの駅でどの路線に乗り換えるのか」を知るために、**路線図**を見ます。路線図も「駅と駅のつながり方だけを重視し、距離や方向は実際と違ってもよい」という発想で、わかりやすく見やすく書かれています。これはまさに、トポロジー的な考え方です。

chapter 2

グラフって何だろう？
「一筆書き」できるか、できないか

本章では「ケーニヒスベルクの橋の問題」を紹介し、グラフと呼ばれる図に置き換えて、一筆書きが可能なグラフかどうかを調べます。オイラーグラフ、ハミルトングラフを紹介し、それらが一筆書き可能かどうかについても解説します。

2-1 「ケーニヒスベルクの橋」の問題

　トポロジーという幾何学は、前述の数学者ポワンカレによって基礎づけられました。1895年、ポワンカレは121ページもの論文を発表し、現在、**ホモロジー理論**と呼ばれる理論の原型をつくりました。しかし、トポロジー的な発想はもっと以前からあり、スイスの数学者レオンハルト・オイラー（1707～1783年）によって解決された次の問題が、トポロジーという学問の出発点だったといわれています。

　「プロシア王国（現在のロシア）のケーニヒスベルクの町を流れるプレーゲル川には、図のように7つの橋がかかっていた。7つの橋をちょうど1回ずつ通るように歩くことができるか？」

　この問題を**ケーニヒスベルクの橋の問題**といいます。これはトポロジー的な形の問題といえます。川や島（陸）、橋の形や大きさは重要ではありません。1つの島を1つの点とし、島と島を結ぶ橋を1本の辺とすると、簡単な図に置き換えることができます。このように、いくつかの**点**と、点同士を結ぶいくつかの**辺**からなる図形を**グラフ**といいます（**図2-1**）。

　さて、ケーニヒスベルクの橋の問題は、置き換えたグラフにおいて、すべての辺をちょうど1回ずつ通るような経路があるか、という問題に置き換えられます。そのようなグラフを**一筆書き可能なグラフ**といいます。実は、グラフが一筆書き可能であるための必要十分条件は、グラフがつながっていて、しかも**奇頂点**の個数が0個か2個であることです。ここで奇頂点とは、奇数個の辺が出ている点のことです。この問題のグラフでは、4個の点がすべて奇頂点なので、結論は「歩くことはできない」となります。

chapter 2 グラフって何だろう？

図2-1

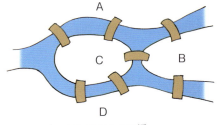

プレーゲル川

ケーニヒスベルクの橋

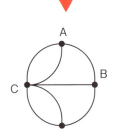

陸や島を点とし、橋を線とするとグラフに変わる。このような一筆書きの問題は、対象となるものをグラフに置き換えるとスッキリする

点と辺からなる図形をグラフという。ただし線の端は点でなければならない

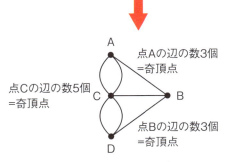

点A、B、C、Dはすべて奇頂点

奇頂点の数が4個なので一筆書き不可能

2-2 「オイラーグラフ」とは何か？

2-1で紹介した一筆書き可能なグラフにおいて、一筆書きの経路を**オイラー道**といい、特に始点と終点が一致したオイラー道を**オイラー回路**といいます。

オイラー回路は、ある点から出発し、すべての線を通って出発点に再び戻ってくるような経路です。オイラー回路を持つグラフを**オイラーグラフ**といいます。

オイラーグラフであるための条件とはなんでしょうか？　直感的には、オイラーグラフはつながっていなければなりません。すなわち「グラフのどんな頂点からどんな頂点にも行ける道がある」ということです。そのようなグラフは**連結**であるといいます。

前項のとおり、連結なグラフが一筆書き可能であるための必要十分条件は、奇頂点の個数が0か2であることです。ただし、図2-2で説明するように、奇頂点の個数が2のグラフにおいては、その2頂点をオイラー道の始点と終点にしなくてはならないので、一筆書きは可能ですが、そのような道はもちろんオイラー回路とはなりえません（戻ってこられないから）。

一方、奇頂点の個数が0個、すなわち、すべての頂点が**偶頂点**（偶数個の辺が出ている点）であるグラフは、どの点から出発しても、オイラー回路を描くことができます。すなわち**連結であり、すべての頂点が偶頂点であること**が、オイラーグラフであるための必要十分条件です。

なお、オイラーグラフはすべての辺をちょうど1回ずつ通るような道を持つグラフのことであるので、各点は何度通ってもかまいません。

図 2-2

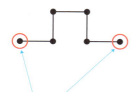

奇頂点の個数が2

この2つの頂点は離れている（別の点）ので、
オイラー回路（始点＝終点）ではない

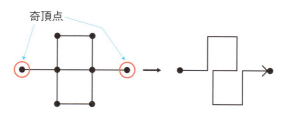

一筆書き（オイラー道）の例。
オイラー回路ではない

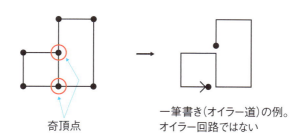

一筆書き（オイラー道）の例。
オイラー回路ではない

2-3 オイラーグラフの条件

オイラーグラフの例をいくつか挙げてみましょう。すべての頂点同士が辺で結ばれているグラフを**完全グラフ**といい、頂点の個数をnとすると、このグラフをK_nと表します。頂点の個数nがどのような条件のとき、K_nはオイラーグラフになるでしょうか？ 各頂点から出ている辺の数は$n-1$なので、前項の結果を用いると、$n-1$が偶数であればよいことになります。つまり、**nが奇数ならば、K_nはオイラーグラフ**になります。

次に、**完全2部グラフ**を例にして理解を深めましょう。2部グラフとは、頂点を2つのグループに分けて、同じグループ内の点同士には辺がないようなグラフのことです（図2-3-1）。さらに、異なるグループに属する頂点同士をすべて辺で結んだグラフを完全2部グラフといいます（図2-3-2）。各グループの頂点の個数が、それぞれm個、n個のとき、このグラフを$K_{m,n}$と表します。

では、さきほどと同じ要領で、完全2部グラフ$K_{m,n}$がオイラーグラフであるための条件を求めてみましょう。連結であることは明らかです。あとは、**すべての頂点が偶頂点であればよい**ことになります。したがって、完全2部グラフ$K_{m,n}$は、mとnがともに偶数ならばオイラーグラフであり、mまたはnが奇数ならばオイラーグラフではないことがわかります。

正多面体の辺の長さを無視して平面上に描いたグラフを**正多面体グラフ**といいます（次項2-4の図参照）。正多面体には、正4面体、正6面体、正8面体、正12面体、正20面体の5種類があります。この中で各頂点から偶数本の辺が出ているのは、正8面体だけです。したがって、正8面体グラフがオイラーグラフです。

図 2-3-1

2部グラフ

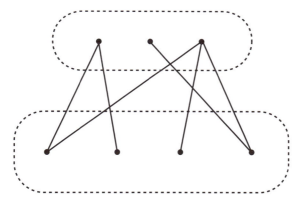

2つのグループに属する頂点同士をすべて辺で結んでいれば完全2部グラフとなる

図 2-3-2

完全2部グラフ　　$K_{4,3}$

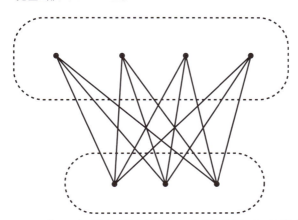

2つのグループに属する頂点同士をすべて辺で結んでいなければ、「完全」とはならず、ただの2部グラフとなる

2-4 「ハミルトングラフ」とは何か?

オイラー道、オイラー回路と似たものに**ハミルトン道、ハミルトン回路**があります。ハミルトン道とは、グラフのすべての頂点をちょうど1回だけ通る道のことをいいます。通らない辺があってもかまいません。特に、始点と終点が一致したハミルトン道を**ハミルトン回路**といい、ハミルトン回路を持つグラフを**ハミルトングラフ**といいます。

ハミルトン回路を見つけることは、新聞配達をするとき、能率のよい配達経路を考えるようなものです。配達をする家を頂点、道を辺として考えます。グラフがオイラーグラフかどうかを判断する必要十分条件は明確にわかっていますが、ハミルトングラフであるかどうかの必要十分条件はわかっていません。ハミルトングラフであるかどうかを判定する問題は**NP完全問題**(効率よく判定するアルゴリズムが今のところ知られていない問題)の1つです。

例を挙げましょう。完全グラフはハミルトングラフです。では、完全2部グラフ $K_{m,n}$ はどうでしょうか。閉じた道をつくるためには $m = n$ でなければなりません。また、$m = n$ であればハミルトングラフになります。

正多面体グラフはハミルトングラフです(図2-4-1)。ハミルトングラフの**ハミルトン**は、正12面体グラフのハミルトン回路を調べたアイルランドの数学者ウイリアム・ハミルトン(1805〜1865年)にちなんで名づけられました。正多面体でない一般の多面体を平面上に描いたグラフには、ハミルトングラフでないものがあります。図2-4-2に、イギリスの数学者H.S.M.コクセター(1907〜2003年)による、ハミルトングラフでない多面体グラフの例を示します。

chapter 2 グラフって何だろう？

図 2-4-1

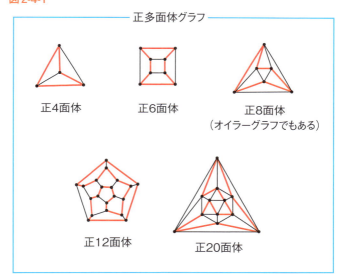

ハミルトン回路を持つ正多面体グラフ。赤線がハミルトン回路

図 2-4-2

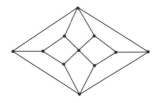

H.S.M.コクセターによる、ハミルトングラフではない多面体グラフ

2-5 トポロジーの語源と発展

　トポロジーは英語のtopologyをそのまま読んだものです。語源はギリシャ語のtoposとlogosですが、それぞれ直訳すると（topos）＝（位置）、（logos）＝（解析）です。そもそもこの言葉は、1847年、ドイツの数学者ヨハン・リスティング（1808～1882年）によって、Topologieという言葉でドイツの雑誌に初めて使われました。

　しかし、この言葉が雑誌で次に使われたのは1883年、雑誌『Nature』のリスティングの死亡記事においてでした。そこでは、（ユークリッド幾何学とは異なる幾何）＝（Topology）という形で紹介されました。このころはまだ、内容的には現在のトポロジーとは異なるものでした。

　19世紀末ごろから、集合論の発展に貢献したドイツの数学者ゲオルク・カントール（1845～1918年）など、何人もの数学者の手によって、徐々に現代のトポロジーとなっていきます。そして、さまざまな分野に分岐し、今も発展し続けています。

　具体的には、1895年、ポワンカレによってホモトピー理論、ホモロジー理論が導入されましたが、これが、現在の代数トポロジーへと進化していきます。20世紀に入ってからは、ポーランドの数学者カジミェシュ・クラトフスキー（1896～1980年）によって**位相空間**の定義が導入され、これを契機に高次元図形の研究（分野としては代数トポロジー、微分トポロジー、ジェネラル・トポロジーなど）が活発になり、現在も発展し続けています。1970年代以降は、おもに3次元、4次元図形の研究（低次元トポロジー）が活発に行われ、1980年以降は低次元トポロジーの1つである**結び目理論**が花開き、現在に至ります。

本書で登場するトポロジーの代表的な研究者

名前	生年/没年	国籍
レオンハルト・オイラー	1707〜1783	スイス
カール・フリードリヒ・ガウス	1777〜1855	ドイツ
ウイリアム・ハミルトン	1805〜1865	アイルランド
ヨハン・リスティング	1808〜1882	ドイツ
ゲオルグ・カントール	1845〜1918	ドイツ
フェリックス・クライン	1849〜1925	ドイツ
アンリ・ポワンカレ	1854〜1912	フランス
マックス・デーン	1878〜1952	ドイツ
クルト・ライデマイスター	1893〜1971	ドイツ
カジミェシュ・クラトフスキー	1896〜1980	ポーランド
ヘルベルト・ザイフェルト	1907〜1996	ドイツ
H.S.M.コクセター	1907〜2003	イギリス
ウイリアム・サーストン	1946〜2012	アメリカ
グレゴリー・ペレルマン	1966〜	ロシア

生年が早い順番に並べた。生年が同じ場合は、没年が早い順番に並べている

● Column 2

「ボロミアンの輪」は線を横切らずにたどれる?

次の問題を考えてみてください。イタリアの旧家の古い家紋である「ボロミアンの輪」は、以下のような図です。

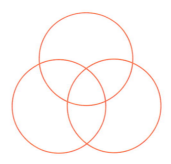

ここで、いかなる線も横切らないように、この輪をたどれるでしょうか? 結論からいえば「たどれる」で、たとえば以下が答えです。

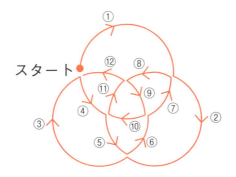

chapter 3

位相不変量を知る
図形を区別できる道具

図形を伸ばしたり、縮めたり、曲げたり、ゆがめたりしても変わらない（不変な）性質を「位相不変量」といいます。この章では位相不変量をいくつか紹介します。後半では、オイラー標数と呼ばれる位相不変量を具体的に求めます。

3-1 「ユークリッド空間」とは何か？

n次元ユークリッド空間はn個の実数の組$(a_1, a_2, \cdots, a_n)$の集まりで、$\mathbb{R}^n$と表します。$\mathbb{R}$は**実数**を表す英語 real number の頭文字Rです。たとえば、3次元ユークリッド空間は3個の実数の組(a_1, a_2, a_3)の集まりで、$\mathbb{R}^3$と表します。ただし、1次元ユークリッド空間については、通常は$\mathbb{R}^1$とは書かず、肩に乗っている数字の1を略して$\mathbb{R}$と書きます（図3-1）。

1次元ユークリッド空間$\mathbb{R}$は図形的には**数直線**です。2次元ユークリッド空間$\mathbb{R}^2$、3次元ユークリッド空間$\mathbb{R}^3$は、図形的にはそれぞれ**平面**、**空間**で、そこには2つ、または3つの数直線が互いに原点で垂直に交わっていて、これを目盛りとして各点は2つ、または3つの成分からなる座標で表されます。

なお、$n \geqq 4$のとき、$\mathbb{R}^n$を図形的にイメージするのは簡単ではありません。たとえば、$\mathbb{R}^4$は**4本の数直線が互いに直交しているような世界**ですが、我々が生活している空間にそれを実現することはできないからです。我々はそういう世界を自分なりに想像しつつ、$\mathbb{R}^4$を4つの実数の組(a_1, a_2, a_3, a_4)の集合として形式的に扱うしかありません。

このように$\mathbb{R}^n$の点はn個の値で表すことができるので、この数値を使って2点間の距離を考えることができます。$\mathbb{R}^n$の点$\alpha = (a_1, a_2, \cdots, a_n)$と点$\beta = (b_1, b_2, \cdots, b_n)$の**距離**$d(\alpha, \beta)$とは、2点$\alpha$と$\beta$を結ぶ最短距離を意味し、次の式で与えられます。

$$\sqrt{\sum_{i=1}^{n}(a_i - b_i)^2}$$

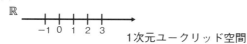

図 3-1

$\mathbb{R}$

1次元ユークリッド空間

$\mathbb{R}^2$

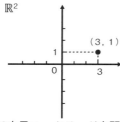

2次元ユークリッド空間

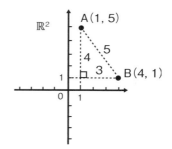

AとBの距離 $=\sqrt{(4-1)^2+(1-5)^2}$
$=\sqrt{3^2+4^2}$
$=\sqrt{25}=5$

$\mathbb{R}^3$

3次元ユークリッド空間

$\mathbb{R}^4$

この軸が紙面から垂直に突き出している

4次元ユークリッド空間

3-2 「図形」とは何か?

この本では、ユークリッド空間の部分集合を**図形**と呼びます。これまでにいくつかの図形を紹介しました。**1-2**では結び目、**1-3**ではトーラス体、アルファベット、円環面、円環面と同相な図形、メビウスの帯、メビウスの帯と同相な図形を紹介しました。

ほかにもさまざまな図形が考えられます。シンプルなものでは、中身の詰まった球体やその表面(ビーチボールのようなもの)も図形であり、トーラス体の表面、円環面やメビウスの帯の端の部分だけを考えたものも図形と考えられます。トーラス体の表面は浮き輪のような形をしていますが、このような形の図形は**トーラス**と呼ばれます。2人乗りの浮き輪も考えられるでしょう(**図3-2-1**)。

球体は(**3次元**)**球体**、その表面は(**2次元**)**球面**と呼ばれます。球体には1次元球体、2次元球体、…、一般に、n次元球体も考えられます(**図3-2-2**)。1次元球体は線分あるいは線分と同相なもの。2次元球体は円板あるいは円板と同相なものです。

同様に、球面にも無限通りの種類があり、n次元球面を考えることができます。0次元球面は2点、1次元球面は円周あるいは円周と同相なものです(**図3-2-3**)。3次元球面は3次元空間$\mathbb{R}^3$のようなものです。ただし、4次元以上の球体、球面を想像するのは難しいでしょう。

でも安心してください。この本では、おもに3次元以下の図形を扱います。1次元図形は線のようなもの、2次元図形は平面的な薄っぺらなもの、3次元図形は空間的な厚みのあるものと思ってください。ただし、半径の大きさを指定しない限り、球体と球面は、いびつな形の図形も含みます。

chapter 3 位相不変量を知る

図 3-2-1

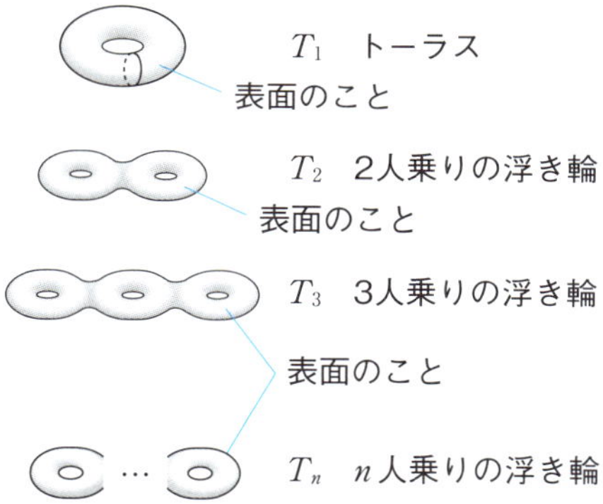

T_1　トーラス
表面のこと

T_2　2人乗りの浮き輪
表面のこと

T_3　3人乗りの浮き輪
表面のこと

T_n　n人乗りの浮き輪

図 3-2-2

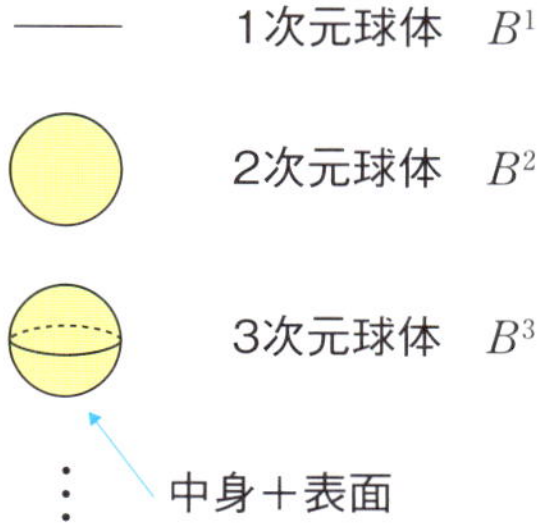

―――　1次元球体　B^1

2次元球体　B^2

3次元球体　B^3

中身＋表面

図 3-2-3

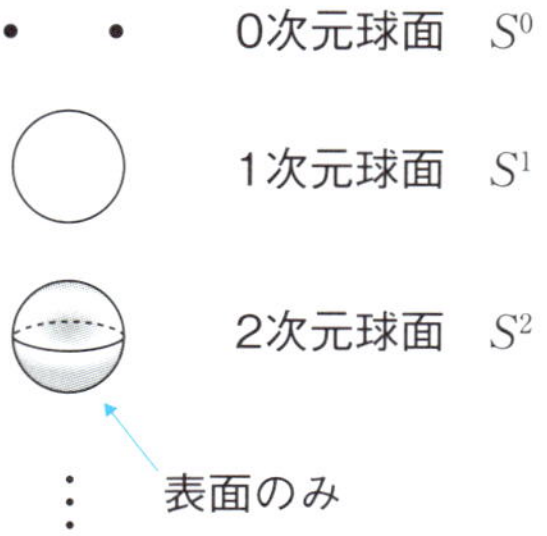

・　・　0次元球面　S^0

1次元球面　S^1

2次元球面　S^2

表面のみ

※記号B^nは、$\mathbb{R}^n$の原点中心、半径1以下の点集合からなる図形を表します（n次元単位球体という）。記号S^{n-1}は、$\mathbb{R}^n$の原点中心、半径1の点集合からなる図形を表します（$n-1$次元単位球面という）。この本では、ことわりがない限り、B^n、S^{n-1}に同相な図形は、それぞれ、n次元球体、$n-1$次元球面といいます。

3-3 「位相不変量」とは何か?

　球面とトーラスは同相ではありません。これらの図形をどんなにぐにゅぐにゅ変形しても、破ったりつなげたりしない限り、球面がトーラスになることはありません。また、トーラスが球面になることもありません。しかし、これらはハサミとノリを使う変形を使っても、本当にうつり合わないのでしょうか？

　今、考えている図形は比較的シンプルなので、直感的にこれらが同相でないことはなんとなくわかるかもしれませんが、そうはいってもなかなか納得できない人もいるでしょう。また、図形の中にはもっと複雑な形のものもあり、そのような図形たちが同相であるかないかを判断するのは難しいケースもあります。

　こんなときに判断するための数学的な「道具」があります。料理に例えるなら、同相な図形をその道具に入れると、必ず同じ料理ができあがるような道具です。実際には、数学的な道具は写像のようなもので、料理は数値あるいは多項式のようなものです。そのような道具の総称を**位相不変量**といいます。ただし、2つの図形の位相不変量の値が同じだからといって、同相な図形とは限りません。

　トーラスには1個、n人乗りの浮き輪にはn個の穴があります。この穴の数は**種数**と呼ばれ、位相不変量であることが示されています(図3-3)。したがって、球面、トーラス、2人乗り以上の浮き輪は同相ではないといえます。

　ちなみに、種数は英語のgenusを訳した言葉ですが、本来のgenusには「種類」「部類」「類」とか、生物学の分類の「属」などの意味があります。

chapter 3 位相不変量を知る

図 3-3

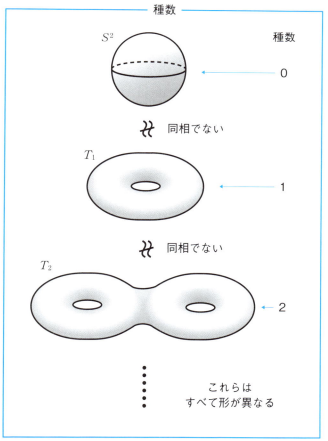

種数は位相不変量。穴の数のこと

3-4 「成分数」と「次元」は位相不変量

この項では、「種数」よりも単純な位相不変量である**成分数**と**次元**を紹介します。

図形の(連結)**成分**とは、つながった図形1つ1つのことで、成分数は、成分の個数を意味します。図形は空間の中の部分集合なので、ばらばらに散らばったものを1つの図形とすることもできます。たとえば、5個の成分からなる集合を図形Xとすると、図形Xの成分数は5となります。成分数が異なる図形は、ハサミとノリを使わない変形でも使う変形でも互いにうつり合うことはないので、成分数は位相不変量です。

図形Yを1つの円周とすると、Yの成分数は1ですから、XとYは異なる図形と判断することができます(**図3-4-1**)。

しかし、球面と球体の成分数はどちらも1なので、円周と球面と球体を成分数で区別することはできません。円周と球面と球を区別する位相不変量として**次元**があります。つまり、次元が異なる2つの図形は同相ではありません。Yは1次元、球面は2次元、球体は3次元の図形です。よって、この3つの図形は異なる図形と判定できます。

ユークリッド空間も図形です。次元が異なるユークリッド空間は同相ではありません。たとえば、$\mathbb{R}$と$\mathbb{R}^2$は同相ではありませんし、$\mathbb{R}^7$と$\mathbb{R}^{10}$も同相ではありません。このことは直感的にも明らかでしょう(**図3-4-2**)。

ところで、球面、トーラス、2人乗りの浮き輪、…、n人乗りの浮き輪は、どれも2次元の連結な成分数1の図形なので、「成分数」と「次元」でこれらを区別することはできません。

chapter 3 位相不変量を知る

図 3-4-1

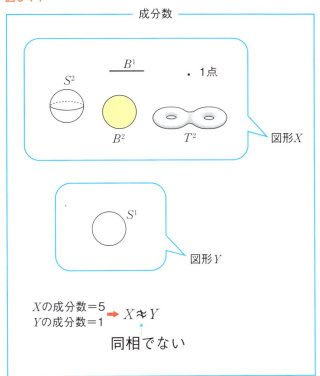

成分数は位相不変量である

図 3-4-2

3-5 オイラー標数が求まる「三角形分割」とは？

　この項では図形の**三角形分割**と**オイラー標数**について説明します。オイラー標数は図形の位相不変量（3-3参照）で、その求め方はいくつかありますが、図形を適切に分割する方法があります。図形の分割の仕方で最も基本的なものが三角形分割です。

　1つの点を**0次元単体**、1つの線分を**1次元単体**といいます。これらはそれぞれ、0次元図形、1次元図形のうちで最も単純な図形と考えられます。三角形を**2次元単体**といいます。これも2次元図形である多角形のうち、頂点の数が最も少ない単純な図形と見ることができます。3次元多面体（平面で囲まれた3次元図形）の中で最も単純な図形は4面体です（図3-5-1）。これは3次元ユークリッド空間の中で**一般の位置**にある4点（すなわち、3点が一直線上に並んだり、4点が同一平面上にあったりしない、という意味）を頂点としてできる図形です。これを**3次元単体**といいます。

　一般に、k次元ユークリッド空間の中で一般の位置にある$k+1$個の点を頂点としてできる図形を**k次元単体**といいます。このとき、それら$k+1$個の頂点の部分集合を頂点とする図形も単体となりますが、これをそのk次元単体の**面**といいます。

　図形を分割したとき、その構成部品がすべて単体で、すべての単体の面も構成部品となり、しかも、2つの単体の共通部分があったとき、それが、それぞれの単体の面になっていれば、その分割を**三角形分割**といいます（図3-5-2は$k=3$の場合）。

　図形のオイラー標数は次のように定義されます（図3-5-2）。

（0次元単体の個数）−（1次元単体の個数）＋（2次元単体の個数）−（3次元単体の個数）＋…

図3-5-1

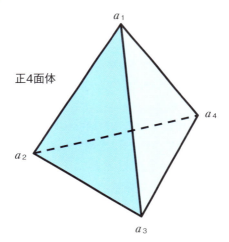

正4面体

図3-5-2

正4面体の三角形分割

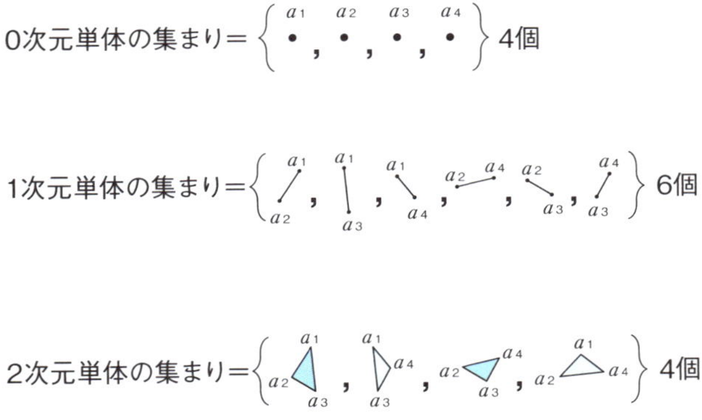

0次元単体の集まり = $\left\{ \overset{a_1}{\bullet}, \overset{a_2}{\bullet}, \overset{a_3}{\bullet}, \overset{a_4}{\bullet} \right\}$ 4個

1次元単体の集まり = $\left\{ \overset{a_1}{\underset{a_2}{|}}, \overset{a_1}{\underset{a_3}{|}}, \overset{a_1}{\underset{a_4}{|}}, \overset{a_2}{\underset{a_3}{|}}, \overset{a_2}{\underset{a_4}{|}}, \overset{a_4}{\underset{a_3}{|}} \right\}$ 6個

2次元単体の集まり = $\left\{ \triangle_{a_2 \; a_3}^{a_1}, \triangle_{a_3}^{a_1 \; a_4}, \triangle_{\; a_3}^{\; a_4}, \triangle_{a_2 \; \; a_4}^{a_1} \right\}$ 4個

正4面体のオイラー標数 = 4 − 6 + 4 = 2

3-6 「セル分割」でオイラー標数を求める

　一般に、図形を三角形分割するためには、面である三角形がたくさん必要になるので、実際にオイラー標数を計算する場合はあまり実用的とはいえません。

　三角形分割を一般化した、もっと単純な**セル分割**と呼ばれる分割が実用的です。三角形分割はセル分割ですが、三角形分割では得られないセル分割がたくさんあります。

　図3-6-1は、トーラスのセル分割を、図3-6-2と図3-6-3は、球面のセル分割を示しています。見てわかるように、三角形分割より単純な分割です。

　セル分割の部品は、三角形分割の部品である**単体**である必要はありません。それは、n次元開球体（**端の部分がない**n次元球体）であればよく、その境界が$n-1$次元以下のいくつかの部品の和集合になっていればいいのです。ただし、異なる部品の共通集合は空集合でなくてはなりません。セル分割の各部品を**セル**または**胞体**といいます。

　セル分割された図形のオイラー標数は次のように定義されます。

（0次元セルの個数）−（1次元セルの個数）＋（2次元セルの個数）−（3次元セルの個数）＋…

　図3-6-2と図3-6-3を用いて、球面のオイラー標数を求めてみましょう。図3-6-2では、0次元セルの個数は1、1次元セルの個数は0、2次元セルの個数は1なので、オイラー標数は$1-0+1=2$となります。図3-6-2では、0次元セルの個数は2、1次元セルの個数は2、2次元セルの個数は2なので、オイラー標数は$2-2+2=2$となります。

図3-6-1

注：0セルは0次元セル、1セルは1次元セル、2セルは2次元セルのこと

オイラー標数=1−2+1=0

図3-6-2

オイラー標数=1−0+1=2

図3-6-3

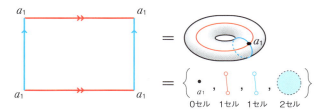

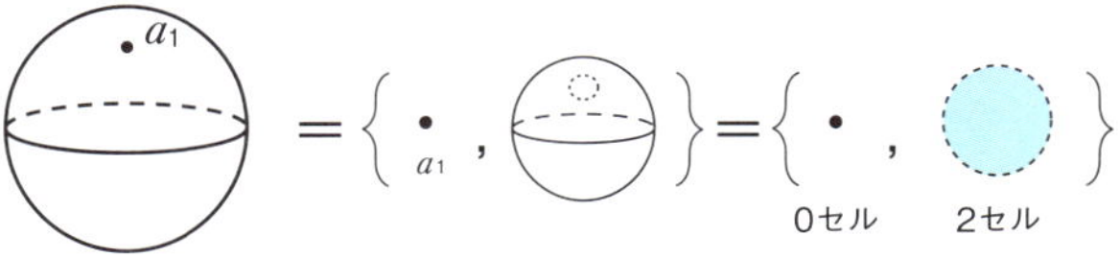

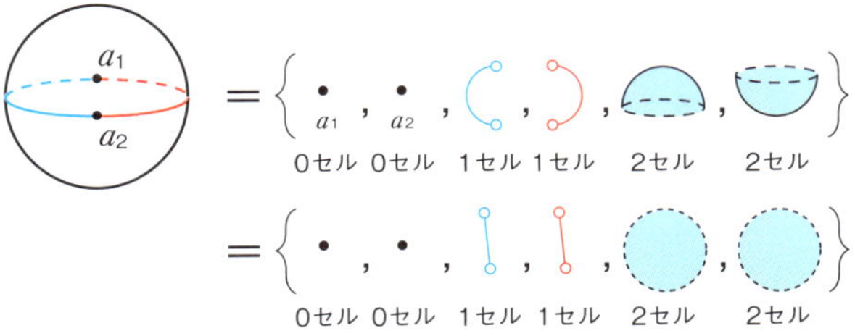

オイラー標数=2−2+2=2

3-7 「正多面体」のオイラー標数

3-5、3-6で見てきたように、オイラー標数は図形を適切に分割することで求められます。オイラー標数が位相不変量であることは、大ざっぱにいって、同相な図形は分割された部品同士のつながり具合が同じだからです。また、分割の仕方によって点や辺の個数は変わるかもしれませんが、オイラー標数は変化せず、一意的に値が決まるからです。これについては、これ以上深入りしません。

ここでは、正多面体のオイラー標数を求め、それらがすべて同じ値になることを確かめます（図3-7）。

空間内の有限個の多角形からなる図形で、各多角形の辺は必ずただ1つのほかの多角形の辺となっている図形を**多面体**といいます。多面体を構成する各多角形を**面**といい、これら多角形の頂点、辺をそれぞれ多面体の**頂点**、**辺**といいます。このとき、次の値をその多面体のオイラー標数といいます。

（頂点の個数）－（辺の個数）＋（面の個数）

正4面体のオイラー標数を求めてみましょう。正4面体の頂点の個数は4、辺の個数は6、面の個数は4なので、正4面体のオイラー標数は4－6＋4=**2**となります。そのほかの正多面体については、右ページを参考にしてください。

これにより、**正多面体のオイラー標数はいずれも2**であることがわかります。

ところで、穴のない多面体のオイラー標数がすべて2であることを証明したのは、2-1にも登場したオイラーです。この定理を**オイラーの多面体定理**といいます。

図 3-7

オイラー標数を χ(カイ) と置くと

$$\chi = (頂点の個数) - (辺の個数) + (面の個数)$$

正4面体
$\chi = 4 - 6 + 4 = 2$

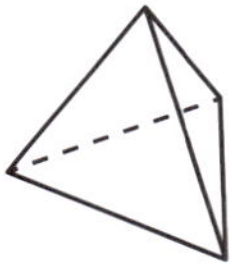

正6面体
$\chi = 8 - 12 + 6 = 2$

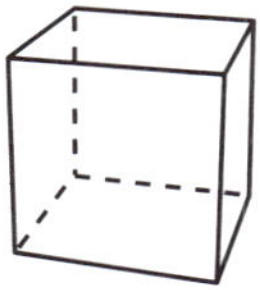

正8面体
$\chi = 6 - 12 + 8 = 2$

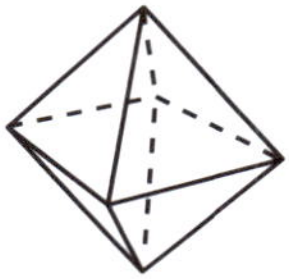

正12面体
$\chi = 20 - 30 + 12 = 2$

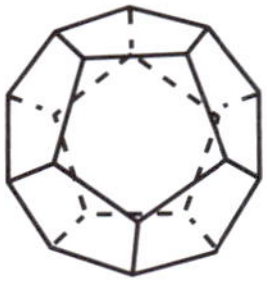

正20面体
$\chi = 12 - 30 + 20 = 2$

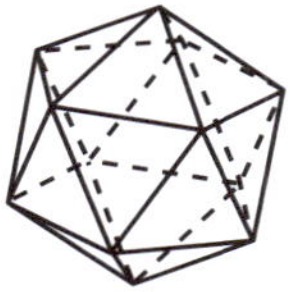

正多面体のオイラー標数はいずれも2

3-8 「T_1、T_2」のオイラー標数

この項では、トーラス T_1、2人乗り浮き輪 T_2 を多面体で実現した図形のオイラー標数を求め、一般の n 人乗りの浮き輪 T_n のオイラー標数を予想します。

トーラス T_1 は図 3-8-1 のような多面体と同相です。この多面体の分割(セル分割)において、頂点(0次元セル)の個数は16、辺(1次元セルもどき)の個数は32、面(2次元セルもどき)の個数は16なので、トーラス T_1 のオイラー標数 **(頂点の個数)−(辺の個数)+(面の個数)** は 16 − 32 + 16 = **0** となります。「もどき」と書いたのは、1、2次元セルが端のない辺、面だからです。

次に、2人乗り浮き輪 T_2 について考えましょう。たとえば、図 3-8-2 のような多面体の分割(セル分割)において、頂点の個数は24、辺の個数は48、面の個数は22となるので、オイラー標数は 24 − 48 + 22 = **−2** となります。

このように、種数が1つ増えるごとに、頂点の個数が8、辺の個数が16、面の個数が6増えるので、**n 人乗り浮き輪 T_n のオイラー標数は $2 − 2n$ と予想**されます。

図形 X のオイラー標数と種数をそれぞれ $\chi(X)$、$g(X)$ で表すと、次のような公式が得られます。

$$\chi(T_n) = 2 - 2g(T_n), \ n = 1, 2, \cdots$$

上の公式より、T_n のオイラー標数 $\chi(T_n)$ が決まれば T_n の種数 $g(T_n)$ も決まり、また逆も成り立ちます。

どちらの不変量でも、T_1、T_2、…はどれも**同相ではないことが判定**できます。

図 3-8-1

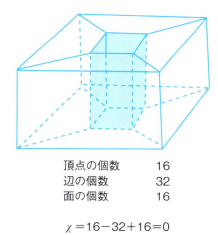

頂点の個数　　16
辺の個数　　　32
面の個数　　　16

$\chi = 16 - 32 + 16 = 0$

図 3-8-2

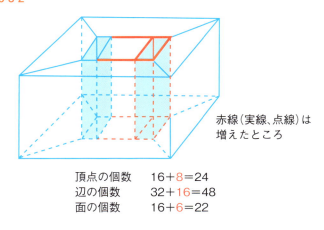

赤線(実線、点線)は増えたところ

頂点の個数　　16＋8＝24
辺の個数　　　32＋16＝48
面の個数　　　16＋6＝22

$\chi = 24 - 48 + 22 = -2$

Column 3

「3つのひし形」は線を横切らずにたどれる？

『不思議の国のアリス』の著者、ルイス・キャロルが考案したといわれる、下の**3つのひし形からなる図**ではどうでしょうか？

これも、次のようにすれば可能です。

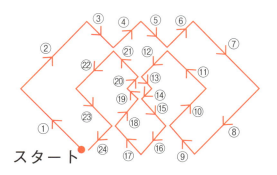

chapter 4

写像とは何か？
トポロジーの理解に欠かせない「連続写像」

集合から集合への対応を「写像」と呼びます。この章では、トポロジーを考える上で重要な役割を持つ「連続写像」について学習します。「同相写像」「デーンツイスト」「イソトピー」「ホモトピー」などの連続写像についても解説します。

4-1 「写像」は集合から集合への対応

集合Xと集合Yがあるとき、XからYへの**写像**とは、Xの各要素からYの要素を1つ指定する対応のことです（図4-1）。この写像をfとすると、記号で$f: X \to Y$と表し、Xの要素aがYの要素bに対応することを$f(a) = b$と表します。

たとえば、Xを男性の集まり、Yを女性の集まりとします。Xの各男性がYの女性の中から意中の1人を指名すると、XからYへの1つの写像ができたことになります。同じ女性を2人以上の男性が指名しても、誰からも指名されない女性がいてもかまいません。

XからYへの写像が**1対1**あるいは**単射**であるとは、Xの異なる要素にYの異なる要素を対応させるものをいいます。さきほどの例では、Xのどの男性も同じ女性を指名しないような対応が1対1写像です。Yの要素のすべてがXのある要素の対応先（うつり先）となっているとき、**全射**あるいは**上への写像**であるといい、そうではないときは、**中への写像**といいます。さきほどの例では、誰からも指名されない女性がいないような対応が全射で、誰からも指名されない女性がいるような対応が中への写像です。

写像が「1対1で全射」（**全単射**という）のとき、その逆の対応も写像となりますが、それをその写像の**逆写像**といいます。集合Xのすべての要素に集合Yの1つの要素を対応させる写像を**定値写像**といいます。さきほどの例では、Xのすべての男性がある1人の女性を指名するような対応の仕方が定値写像です。集合Xから集合Xへの写像で、Xの各要素にそれ自身を対応させる写像を、X上の**恒等写像**といいます。

図4-1

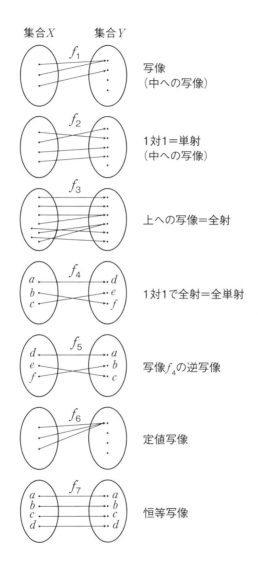

4-2 「連続写像」とはどういうものか？

集合XとYを、ユークリッド空間(3-1参照)のように、それぞれの集合内で距離を測ることのできる集合とします。XからYへの写像を考えるとき、**その写像が連続であること**が、トポロジーを考える上で重要な意味を持ちます。

「XからYへの写像がXの**点aで連続である**」ことのイメージは、**Xの点aの近くの点はYの中で点aのうつり先の近くにうつる**ということです。そして、Xのすべての点で連続であるとき、「XからYへの**写像が連続である**」といい、この写像は**連続写像**と呼ばれます。

1-2の例を用いて説明します。3次元(ユークリッド)空間の中の部分集合である結び目Aを集合Xとし、集合Yを3次元空間とします。そして、Yの中には結び目Bがあるとします。このとき、結び目Aから結び目Bへの対応として、そのひも上の同じ点同士を対応させると、この対応は連続写像になります。結び目Aの点の近くの点は、うつり先の結び目B上でも近いところにあるからです。同様に、ハサミで切った図形(1本の線分)から結び目Bへの同様な対応も連続写像になります。

もう1つ例を挙げましょう。各時刻に対し、その時刻におけるあなたの場所を対応させます。これは$X =$ (時刻の集合)から$Y =$ (宇宙空間)への写像と考えられます。この写像は連続写像です。今この瞬間の少し前も少し後も、あなたは今いる場所の近くにいるからです。逆にいえば、今いる場所から別の場所に行きたいと思っても、あまりにも短い時間では行くことができません。瞬間移動ができない限り、この写像は連続です(図4-2)。

chapter 4 写像とは何か？

図 4-2

歩いている場合、時刻が進めば、自分がいる場所も連続的に変わる。この場合、瞬間移動はできないので連続写像といえる

4-3 「同相写像」とはどういうものか？

　これまで、2つの図形が同相であることを直感的に捉えていました。すなわち、一方の図形からもう一方の図形に「ハサミとノリを使わない変形」あるいは「ハサミとノリを使う変形」でうつり合えば、それらは同相でした。しかし、数学の専門書では通常、2つの図形が同相であることを次のように定義しています。

　2つの図形XとYが**同相写像**で対応づけられるとき、それらは**同相である**といい、$X ≈ Y$と表す。

　1対1で連続な上への写像で、しかも、その**逆写像**も連続である写像を**同相写像**といいます。

　たとえば、実数全体の集合$\mathbb{R}$から実数全体の集合$\mathbb{R}$への写像$f(x) = x$を図4-3-1で考えましょう（この場合の写像は通常、**関数**と呼ばれる）。この写像は1対1対応です（恒等写像、図4-3-2）。なぜなら、$a ≠ b$ならば、式$f(a) = a ≠ b = f(b)$が成り立つことから、$f(a) ≠ f(b)$がいえるからです。また、xがすべての実数をとるので、うつり先$f(x) = x$もすべての実数をとることになり、この写像は全射になることがわかります。

　さらに、このグラフがつながっていることから、直感的ですが、この写像は連続写像です（連続であることの厳密な証明は少々難しいので、ここでは立ち入らない）。このように、$f(x)$が1対1、上への連続写像なので、この写像の逆の対応（逆写像）が存在し、同様に連続であることがわかり、$\mathbb{R}$と$\mathbb{R}$は同相になります。実数全体の集合$\mathbb{R}$同士はもちろん同じなので、明らかな例ですが……。

chapter 4 写像とは何か？

図 4-3-1

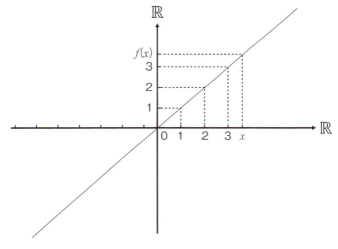

数の集合から数の集合への
写像は関数と呼ばれる

図 4-3-2

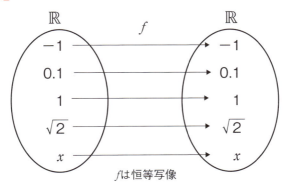

f は恒等写像

4-4 「同相写像」を例で考える

「ハサミとノリを使わない変形」及び「ハサミとノリを使う変形」でうつり合う2つの図形は、本当に同相写像で対応づけられるのでしょうか？ 例を用いて直感的に確かめましょう。

アルファベットのDとOは同相な図形でした（1-3参照）。これら2つの図形の間の同相な対応を考えてみましょう。

たとえば、図4-4-1のような対応を考えてみましょう。異なる点は異なる点にうつるので、**1対1の対応**になります。また、対応先のすべての点yについてxが決まるので**上への写像**です。さらに、近い点は近い点にうつることから**連続な対応**となります。逆向きの対応も同様なことがいえます。

1-2の結び目Aと結び目Bは同相な図形でした。これら2つの図形の間の同相な対応とはどんなものでしょう？ $X=$（結び目A）、$Y=$（結び目B）として示します。

たとえば、XからYへの写像で、4-2と同様に同じ点同士の対応を考えると、この対応（写像）は1対1かつ上への連続な対応になります（図4-4-2）。この逆向きの対応（逆写像）も4-2と同様に連続になることがわかり、この対応は同相写像となります。

2つの図形間に同相な対応（写像）が1つでもあれば、その2つの図形は同相になります。以上は「ハサミとノリを使わない変形」でうつり合う図形間の同相写像でした。

一方、ハサミとノリを使う変形でうつり合う2つの図形の間にも同相写像が存在します。図形同士つながり具合が同じなので、同じ点同士の対応を考えると、さきほどと同様のことがいえます。

図 4-4-1

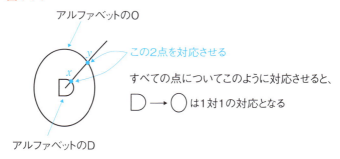

図 4-4-2

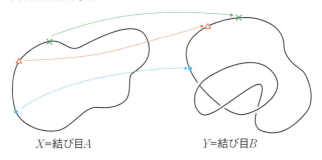

4-5 イソトピー変形とホモトピー変形

ハサミとノリを使わない変形は、数学用語で**イソトピー変形**と呼ばれます。この項では、イソトピー変形と、それより一般的な変形である**ホモトピー変形**について述べます。

図形X、Yと、2つの連続写像f, $g : X \rightarrow Y$に対して、fとgを結びつける連続写像$H(t)$が存在するとき、fとgは**ホモトピック**であるといい、この写像$H(t)$をfとgの間の**ホモトピー**といいます。ここで、tは時刻を表します（$0 \leq t \leq 1$）。つまり、ホモトピーは図形間の連続写像を連続的に変形する写像です。

図4-5-1は、ホモトピー（変形）を図で表したものです。$X = S^1$（平面$\mathbb{R}^2$上の単位円）、$Y = \mathbb{R}^2$（平面）とします。写像fを、たとえば、S^1からS^1への恒等写像（同じ点同士を対応させる写像）、写像gを、S^1から原点への定値写像とします。

このとき、fとgの間のホモトピーは、たとえば、図4-5-1のように$t = 0$のとき、写像fですが、時間が経過するごとに、半径が徐々に小さくなる円周にうつる写像となり、時刻が$t = 1$になったとき、写像gとなるものです。また、このときのホモトピー変形は、図4-5-1の右側の上から下への変形です。

2つの図形がホモトピー変形でうつり合うかどうかは、周りの図形Yの形によります。図の例は$Y = \mathbb{R}^2$ですが、Yを平面から平面上の点$\left(0, \dfrac{1}{2}\right)$を除いた図形だとすると、点$\left(0, \dfrac{1}{2}\right)$のところが開いているので、円周を連続的に1点にできません。

また、各時刻tで$H(t)$が同相写像になるとき、fとgは**イソトピック**であるといい、写像$H(t)$をfとgの間の**イソトピー**といいます。図4-5-2は、イソトピー（変形）を図で表したものです。

図 4-5-1

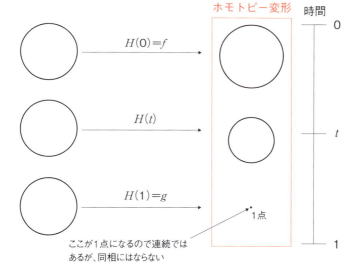

図 4-5-2

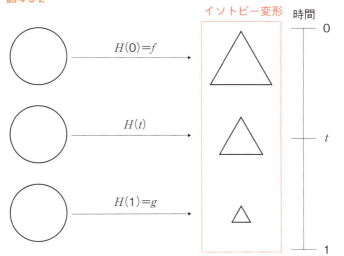

4-6 「デーンツイスト」という同相写像

この項では、**デーンツイスト**と呼ばれる同相写像を紹介します。

デーンツイストとは、n人乗りの浮き輪T_nからn人乗りの浮き輪T_nへの同相写像で、「ハサミとノリを使う変形」によって実現できる写像です。ここでは、トーラスT_1からトーラスT_1へのデーンツイストについて学びます。

この変形は次のように行います（図4-6）。まず、T_1上に1つの**単一閉曲線（交点なしの閉曲線）**を描きましょう（図の赤い線）。ただし、その曲線に沿ってT_1を切ったとき、T_1は2つに分かれず、円環面になるような単一閉曲線を選びます。そして、その円環面を筒の形にし、図のように整数回（図では1回転）ねじり（ツイストし）、再び切った部分を元どおりに貼り合わせるとこの変形の完了です。できあがった図形もトーラスになります。

このとき、元の図形T_1からできあがった図形T_1への対応（写像）で、同じ点同士を対応づけたものが**デーンツイスト**です。変形後のT_1上にはさきほど描いた閉曲線が描かれていますが、元の閉曲線がこの曲線にうつったと考えます。

対応の仕方がイメージしにくい方は、元のトーラスに網目模様を描いて変形すれば、写像が視覚化されて理解が深まるかもしれません。

n人乗りの浮き輪T_nからn人乗りの浮き輪T_nへの同相写像は、いくつかのイソトピーやいくつかのデーンツイストを繰り返し行うことにより実現されます。このことは、ドイツの数学者マックス・デーン（1878～1952年）によって証明され、**デーンの定理**と呼ばれています。

図4-6

デーンツイストの例

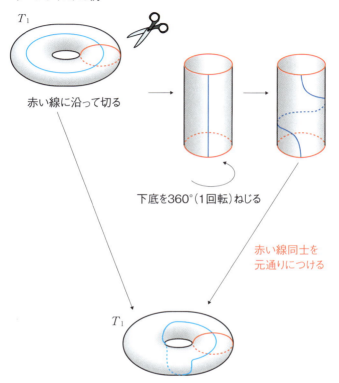

Column 4

「不動点定理」とは何か?

　同じ地域の縮尺の違う2枚の地図を用意し、小さいほうの地図が、大きいほうの地図にすっぽり入るように、2枚の地図を適当に重ねます。このとき、地図上の同じ地点が1カ所だけ重なることをご存じでしょうか?

　また、コーヒーカップの中のコーヒーをスプーンでかき回すと、水面に渦状の流れができます。このとき、真ん中付近に渦の中心、すなわち、動いていない点(不動点)があることは、経験上、ご存じかと思います。これらのことを保証するのが次の定理です。

「n次元単位球体からn次元単位球体への連続写像には必ず不動点がある」

　この定理は**ブロウエルの不動点定理**と呼ばれています。トポロジーにおけるすばらしい成果の1つで、さまざまな分野に応用されています。

　地図の例は$n=2$の場合です。円板(小さいほうの地図)から円板(大きいほうの地図)への中への**連続写像の具体例**になっています。小さい地図上の各点xが大きい地図上の重なった点$f(x)$にうつると考えれば、写像fは連続写像になります。

　コーヒーの例も$n=2$の場合で、円板(水面)から円板(水面)への連続写像の具体例になっています。この場合、水面上の各点xが1秒後に水面上の点$g(x)$にうつると考えれば、この写像gは連続写像になります。点xに近い点は、1秒後でも近いところにあるからです。不動点定理を適用すると「$g(x)=x$となる点xが水面上にある」ということになります。

chapter 5

多様体とは何か？
2次元多様体とは曲面のこと

局所的にユークリッド空間と同相である図形を「多様体」と呼びます。この章では2次元多様体（曲面）がどんなものであるか、例を挙げながら説明します。例として、「射影平面」「クラインの壺」を紹介します。

5-1 「多様体」とはどういうものか？

　この章では、どんな場所の周りもn次元ユークリッド空間とトポロジー的に同じような形の空間、すなわち**n次元多様体**と呼ばれる空間について述べます。

　n次元多様体は、各点の周りが局所的にn次元単位開球体（3-6参照）と同相な図形です。この項では、$n=2$の場合の多様体について説明します。ざっくりいうと2次元多様体は、すごく複雑な空間もありますが、局所的に見ると「端のない円板（開円板）」と見なせるものです（図5-1-1）。

　たとえば、トーラスは2次元多様体です。このような曲面が「世界」で、その中にあなたがいるとします。あなたは曲面の上に立っているのではなく、曲面に閉じ込められた厚みのない存在です。このとき、あなたは自分の世界をどのように認識することができるのでしょうか？

　あなたの周りは**端のない円板と同相**です。それは、**周囲の世界が平面と同じ**、ということです。ちょうど我々が地球上で感じているように、あなたは自分が「どこまでも真っすぐに広がる平面にいるのだ」と思うでしょう（図5-1-2）。

　とはいえ、あなたは曲面に閉じ込められているのです。地球上にいるのとはだいぶ違います。あなたの周りは実は平らではなくて、曲がっているかもしれません。しかし、何か別の情報がなければ「曲がっている」かどうかはわからないでしょう。3次元の存在である我々は2次元多様体をその外から見ることができるので、その全体像を捉えることができますが、曲面上にいる2次元人には、残念ながらそれはできません。

chapter 5 多様体とは何か？

図 5-1-1

そもそも端がないので、点線のところは見えない

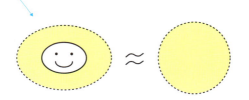

あなたの周りは開円板。景色は平面と同じ

図 5-1-2

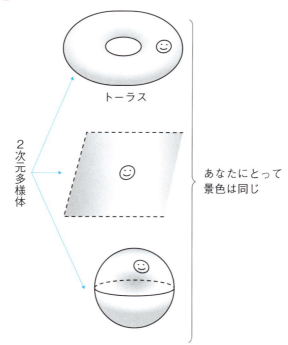

トーラス

2次元多様体

あなたにとって景色は同じ

5-2 多様体には「座標」が描ける

5-1と同様に、2次元多様体の中にあなたがいるとします。このとき、あなたは自分を中心にして、2次元の座標系（格子模様のようなもの）を描くことができます。一般に、n次元多様体における任意の点の周りにはn次元の座標系を描くことができます。この項では、このことを説明します。

多様体の定義（5-1参照）から、n次元多様体Mは、局所的には$\mathbb{R}^n$のn次元（単位）開球体と同相なので、Mの**開集合**Uから$\mathbb{R}^n$のn次元（単位）開球体U'への同相写像$f: U \to U'$が存在します。このとき、U'は$\mathbb{R}^n$の部分集合なので、$\mathbb{R}^n$の座標格子がそのままU'にも描かれていると考えることができます。

したがって、この座標格子付きのU'をfの逆向きの対応（逆写像）f^{-1}で引き戻せば、$U=f^{-1}(U')$にも座標格子の絵が描けます。このような、ある空間のある限られた領域に描かれた座標系を**n次元局所座標系**といいます。

また、多様体Mの**開集合**Uの任意の点pに対して$f(p)$は$\mathbb{R}^n$の点なので、$\mathbb{R}^n$の座標を用いて$f(p)=(x_1, x_2, \cdots, x_n)$と書くことができます。点$(x_1, x_2, \cdots, x_n)$を$(U, f)$に関する点$p$の**局所座標**といいます。

このように、多様体は局所的にはユークリッド空間と同じ形であり、しかも局所的に格子模様を描ける図形です。

局所座標系における座標格子の座標軸は、多様体の外側から見ると、一般には曲がっているし、座標軸同士が直交しているとは限りません。ユークリッド空間の座標軸のように互いに軸が直交するような座標系は**直交座標系**と呼ばれます。

chapter 5 多様体とは何か？

図 5-2

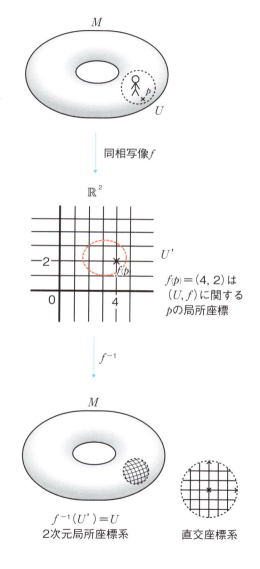

5-3 「境界を持つ多様体」は行き止まりのある図形

境界を持つn次元多様体は、各点の周りにn次元単位開球体、または、n次元単位半開球体（図5-3-1）と同相なものがとれて、かつ、後者のタイプの点が存在する図形です。後者のタイプの点集合全体を、そのような多様体の**境界**といいます。「多様体の境界」は、部分集合としての「図形の境界」とは定義が異なるので注意しましょう。つまり、ユークリッド空間の部分集合である図形の「境界」と、多様体の「境界」は一致しません。多様体に含まれる点が前者の意味での境界であるときは、その点は多様体の境界でもあります。

$n=2$として、各点の周りが**2次元単位半開球体**（図5-3-1）と同相であることのイメージを説明します。図5-3-2は境界を持つ2次元多様体の例です。あなたがこの曲面に閉じ込められているとして、5-1と同様にあなたの周りの景色を眺めてみましょう。

まず、点Pにあなたがいるとすると、あなたの周りの世界は平面と同じです。しかし、点Qのような**端っこ**（**境界**）にいるとすると、片側はどこまでも平面が広がっていますが、反対側には壁があって**行き止まり**になっています。

また、点Pの場所から、点Qのような**端**（**境界**）に向かって歩くと行き止まりになりますが、点線の部分に向かっては、どんなに歩いても、点線の部分にはたどり着けません。どんどんスピードが落ちていくイメージです。

ここに住む住人にとって、多様体の境界は行き止まりと考えられます。つまり、「多様体」は**行き止まりのない図形**、「境界を持つ多様体」は**行き止まりのある図形**と考えられます。

chapter 5 多様体とは何か？

図 5-3-1

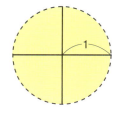

n次元単位開球体
（ここでは2次元単位開球体）

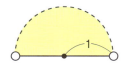

n次元単位半開球体
（2次元単位半開球体）

図 5-3-2

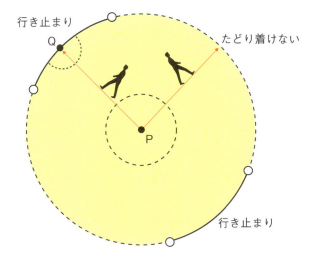

境界を持つ2次元多様体の例

5-4 「開多様体」と「閉多様体」の違い

　多様体の簡単な例は、ユークリッド空間や開球体です（図5-4-1）。また、円環面やメビウスの帯で端のない図形も2次元多様体です。

　さらに例を挙げると、1次元球面、（2次元）球面、トーラス、n人乗りの浮き輪などがあります。それぞれ、1次元多様体、2次元多様体、2次元多様体、2次元多様体です。また、3次元以上の多様体はイメージしづらいですが、n次元球面はn次元多様体です。

　ここで、ともに2次元多様体である**2次元開球体**（端のない円板）と**2次元球面**は、少しようすが異なることに気がつくでしょうか？ 前者も後者も閉じ込められたあなたにとっては行き止まりのない世界です。真っすぐだと思う方向に歩いても、行き止まりはありません。しかし、あなたにとって前者は無限に広がる世界です。ただ、多様体を外から見たとき、ユークリッド空間は本当に無限に広がっていますが、開球体は有限な空間であることに注意しましょう。

　（境界を持たない）多様体がそこに住む住人にとって無限に広がる図形のとき、**開多様体**といい（図5-4-1）、無限には広がらない図形のとき、**閉多様体**といいます（図5-4-2）。したがって、最初の例のユークリッド空間、開球体、端のない円環面、端のないメビウスの帯は開多様体です。そして、1次元球面、（2次元）球面、トーラス、2人乗りの浮き輪、3人乗りの浮き輪、…、n人乗りの浮き輪、n次元球面は閉多様体です。

　なお、**開**とか**閉**という言葉は、境界を持つ多様体には使われません。

chapter 5　多様体とは何か？

図 5-4-1

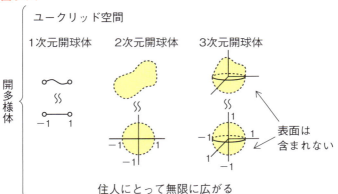

図 5-4-2

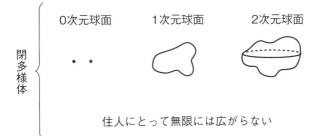

5-5 「境界を持つ多様体」の例

境界を持つ多様体の例を挙げましょう。簡単には、前項の開多様体に端の部分(境界)をつけ加えたり、穴を開けて端の部分(境界)をつくれば、その図形は境界を持つ多様体になります。通常の「多様体」は、境界を持つ多様体と区別するため「境界を持たない多様体」ともいいます。

たとえば、1次元球体、2次元球体、3次元球体はそれぞれ、**境界を持つ**1次元多様体、2次元多様体、3次元多様体です。1次元球体の境界は2点、2次元球体の境界は1次元球面(単位円と同相なもの)、3次元球体の境界は2次元球面です。また、円環面やメビウスの帯も**境界を持つ**2次元多様体です(図5-5-1)。

トーラスや2人乗り浮き輪、3人乗り浮き輪、…、n人乗り浮き輪は(境界を持たない)2次元多様体でしたが、これらからそれぞれ、1つの2次元開円板をくり抜いた図形は、どれも、境界を持つ2次元多様体です。これらはイソトピー変形(ハサミとノリを使わない変形)で面を細くしていくと、図5-5-2のような図形になります。図から、2本のバンド1組が1つの穴に対応していることがわかります(図5-5-2はトーラスの場合)。

1-2における結び目Aは、しゃぼん玉遊びで使う輪に張る石けん膜のような円板(膜)を張ることができます。円板を張れるこのような「結び目」のない結び目は専門用語で**自明な結び目**と呼ばれます。結び目Aに円板を張ってできる図形(円板)は、当たり前ですが「境界が自明な結び目」となる「境界を持つ2次元多様体」です。「境界が自明でない結び目(たとえば結び目B)」となる「境界を持つ2次元多様体」については6-5、6-6でくわしく説明します。

chapter 5 多様体とは何か？

図 5-5-1

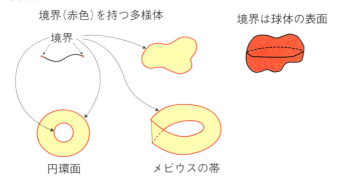

境界（赤色）を持つ多様体　　境界は球体の表面

境界

円環面　　メビウスの帯

図 5-5-2

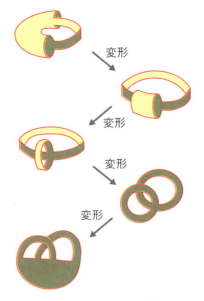

変形

1つの穴が2本のバンド1組に対応している

5-6　閉曲面の「展開図」とは？

2次元閉多様体は**閉曲面**とも呼ばれます。この項では、閉曲面の**展開図**について説明します。

曲面を切り開いて平面に展開したものを**展開図**と呼ぶことにします。たとえば、サイコロ（立方体）の展開図を思い出してください（図5-6-1）。画用紙などに、あらかじめ考えたサイコロの展開図を描いて、輪郭に沿って切り抜き、図面通りに折って、サイコロを組み立てたことがある方もいるでしょう。あるいは、身近なところでは、ティッシュ箱（ほぼ直方体）を展開すると直方体の展開図が得られます。

閉曲面の展開図もそのようなものですが、ここでの展開図は立方体や直方体のように、きっちりと同じ形のものが実際につくれなくてもかまいません。**展開図が描かれた素材がゴムのような柔らかいものでできているとして、閉曲面が構成できればいいのです。**

たとえば、2次元単位球面S^2を図のように切り開きましょう（図5-6-2）。それを平面に引き伸ばして、円板、四角形、六角形、$2n$角形のような平面的な形にします。それらはすべて、球面の展開図です（図では円板と正方形で表す）。ただし、境界の「どことどこを」同一視する（貼り合わせる）か、明記します。正方形の辺を2辺ずつ、同じ矢印のところをそれぞれ同一視すると、頂点も自然に同一視され、球面が組み立てられます。閉曲面はどんなものでも、このような1つの多角形で展開図を表すことができます。

同様に、トーラスを切り開いて、四角形あるいは六角形の展開図を得ることができます（図5-6-3）。ほかにどんな展開図があるでしょうか？　考えてみてください。

chapter 5 多様体とは何か？

図 5-6-1

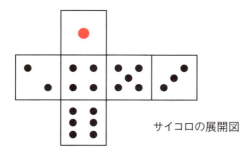

サイコロの展開図

図 5-6-2

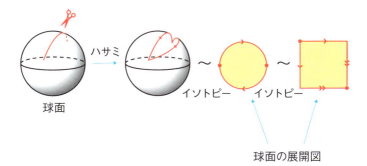

球面　ハサミ　イソトピー　イソトピー

球面の展開図

図 5-6-3

ハサミ

5-7 目では見られないが展開図で表せる「射影平面」

　この項では、閉曲面の興味深い例として**射影平面**を紹介します。射影平面は、メビウスの帯と円板の境界同士を貼り合わせた図形です。ところで、球面は2つの円板をその境界で貼り合わせた曲面です。言い換えると、球面は円板を円板で「ふた」をした曲面になります。このことを射影平面に応用すると、射影平面は、メビウスの帯を円板で「ふた」をした閉曲面であり、円板をメビウスの帯で「ふた」をした曲面でもあることがわかります（図5-7-1）。球面のように、見える形で実際に「ふた」をすることはできませんが、そのように考えます。

　射影平面は展開図で簡単に表すことができます。たとえば、図5-7-2の展開図1と、図5-7-3の展開図2はどちらも射影平面の展開図です。これらが同相であることは、ハサミとノリを使って、展開図を変形すればわかるでしょう。射影平面は、$\mathbb{R}^3$では曲面同士の交わり（**特異点**という）なしでは、つくれないことがわかっています。**我々は本当の射影平面を実際に目で見ることはできない**のです。

　たとえば、展開図2を図5-7-3の中央のような形に変形しましょう。境界a、bをa同士、b同士で貼り合わせなければなりませんが、そのためには、やはり曲面が交差しなければなりません。交差を許してつくると、図5-7-3の一番右のような形の曲面になります。赤線の部分が交差している場所です。この曲面は**十字帽**や**交差帽**、**交叉帽**と呼ばれています。十字帽は、図5-7-3の上半分の図形を表すこともあります。下半分は円板であり、上半分はメビウスの帯と同相になります。

図 5-7-1

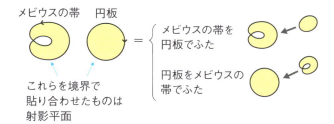

図 5-7-2

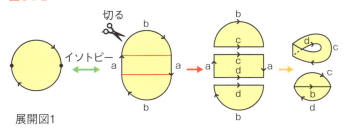

図 5-7-3

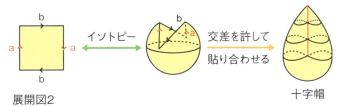

5-8 曲面の内側が外側にある「クラインの壺」

　この項では、**クラインの壺**と呼ばれる閉曲面について解説します。クラインの壺は、ドイツの数学者フェリックス・クライン（1849〜1925年）によって考案された、摩訶不思議な閉曲面で、図5-8-1のように、**曲面の内側の部分がなぜか外側にある**というものです。

　クラインの壺を曲線a（赤色）とb（青色）に沿ってハサミで切り開き、正方形の形に整えると、図5-8-1の展開図1が得られます。逆に、展開図1から2辺aを貼り合わせると円環面ができますが、その後、2辺bを貼り合わせることはできません。しかし、**曲面同士の交わりを許せば、元のクラインの壺にすることができます**。

　また、展開図2は、一見、違う展開図に見えるかもしれませんが、これもクラインの壺の展開図です。ハサミとノリを使うと展開図1になります。

　なお、2つのメビウスの帯の境界同士を同一視しても、クラインの壺を得られます。図5-8-2のように、展開図1を3つの部分に切り分け、「あ」と「う」の同一視されるべき部分を貼り合わせると、2つのメビウスの帯ができます。図5-8-2をよく見ると、それぞれの境界同士が同一視されることになっているからです。このように、クラインの壺にはメビウスの帯が2個、内在しています。

　前項の射影平面と同様に、$\mathbb{R}^3$内のクラインの壺には、必ず交わり（**特異点**という）があります。しかし、4次元空間では、この特異点をイソトピー変形を行うことで取り除く（解消する）ことができます。つまり、4次元ではハサミとノリを使わない変形で取り除くことができます（**第6章**参照）。

chapter 5 多様体とは何か？

図 5-8-1

クラインの壺

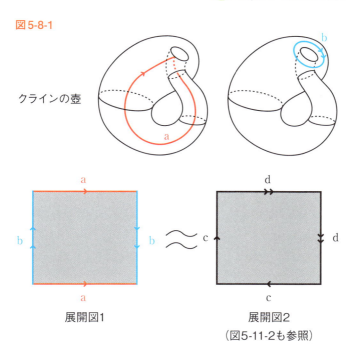

展開図1

展開図2
（図5-11-2も参照）

図 5-8-2

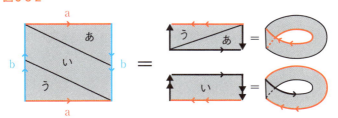

5-9　多様体の「向き」を考える

　この項では、多様体の**向き**について述べます。「向き」といっても、多様体というものがどこかを向いているわけではありません。まず、2次元多様体すなわち曲面の向きについて説明します。

　曲面の**向き**とは、その曲面の**表か裏のどちらか**です。しかし、そもそも表裏のないものもあり、向き付け可能かどうかがまず問題になってきます。曲面が**表と裏の区別ができる**とき、その曲面は**向き付け可能である**といい、そうでないとき、**向き付け不可能である**といいます。

　たとえば、メビウスの帯は表と裏の区別がありません。したがって、向き付け不可能な曲面です。言い換えると、メビウスの帯の片面から図5-9-1のように色を塗り始め、それを続けると、1色だけですべての面が塗れるということです。一方、球面やトーラスは、表と裏が区別できるので、向き付け可能な曲面です。どちらが表でどちらが裏かは決められているわけではなく、「こちらの面を表にする」と決めれば、その反対側が裏になります。

　一般の**n次元多様体の向き**も曲面の向きと本質的には同様ですが、数学的には**n次元座標系の向き**のことをいいます。座標系には右手系と左手系の向きがあり、それらは互いに鏡像の関係にあります（図5-9-2）。通常、右手系を正の向き、左手系を負の向きといいます。右手系n次元座標系をn次元多様体の中に置いたとき、向き付け可能ならば、その裏の顔が左手系の座標系となり、その座標系をくまなく動かしても表の顔は右手系のままです。向き付け不可能ならば、座標系を動かすと、左手系に変わったり、右手系に戻ったりします。

chapter 5 多様体とは何か？

図 5-9-1

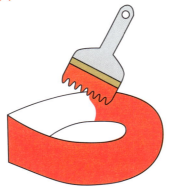

図 5-9-2

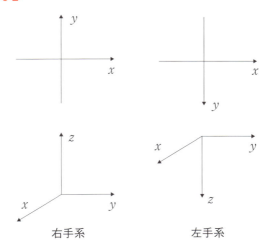

右手系　　　　　　　左手系

5-10 「メビウスの帯」の個数で分類される「向き付け不可能な閉曲面」

5-9で述べたように、メビウスの帯は向き付け不可能な多様体でした。向き付け不可能なことは、メビウスの帯を離れたところから見なくても、メビウスの帯に住む2次元人なら確かめることができます。このことについて説明します。

あなたは、メビウスの帯に閉じ込められた2次元人です。図5-10-1の道aに沿って1周すると、あなたの姿は裏返し、すなわち、鏡像になります。このことは、円柱に沿って1周することと対比的です（図5-10-2）。このように、向き付け不可能な多様体上には、鏡像の姿で戻れる道があります。同じ道をもう1周すると、スタートしたときと同じ姿になります。

同様に、射影平面やクラインの壺も向き付け不可能な多様体です。なぜなら、射影平面には1つのメビウスの帯が内在し（5-7参照）、クラインの壺には2つのメビウスの帯が内在しているので（5-8参照）、これらのメビウスの帯上をうまく進んで元の場所に戻れば、あなたの姿が裏返しになるからです。

向き付け可能な閉曲面は**穴の数（種数）**によって分類されます（**第3章**参照）。一方、次の項でも述べますが、向き付け不可能な閉曲面は、内在するメビウスの帯の個数によって分類されます。つまり、前者において、種数は**完全位相不変量**であり、後者においては、内在するメビウスの帯の個数は**完全位相不変量**です。ここで、**完全位相不変量**とは、文字通り完全な不変量で、同相でない2つの図形には異なる値または量が対応する写像のようなものです。したがって、**射影平面とクラインの壺は同相ではない**こともわかります。

chapter 5　多様体とは何か？

図 5-10-1

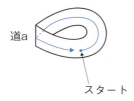

道a
スタート

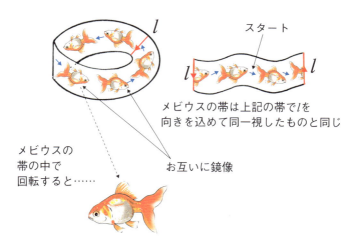

l
スタート
l　　l

メビウスの帯は上記の帯でlを
向きを込めて同一視したものと同じ

お互いに鏡像

メビウスの
帯の中で
回転すると……

図 5-10-2

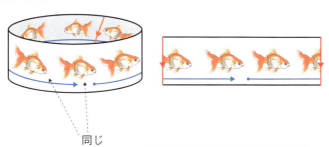

同じ

注：図ではわかりやすくするため、金魚が1周しています。

5-11 「向き付け不可能な閉曲面」の「オイラー標数」

ここでは、向き付け不可能な閉曲面のオイラー標数を求めます。まず初めに、簡単のため、射影平面とクラインの壺のオイラー標数を計算しましょう。

展開図としては、図 5-11-1 〜図 5-11-3 のようないちばんシンプルなものを用います。これらの展開図は三角形分割にはなっていませんが、セル分割となっているので、この分割を用いてオイラー標数を計算することができます。

この射影平面の展開図では、頂点の個数は1、辺の個数は1、面の個数は1なので、射影平面のオイラー標数は $1 - 1 + 1 = $ **1** となります。同様に、クラインの壺の展開図では、頂点の個数は1、辺の個数は2、面の個数は1なので、クラインの壺のオイラー標数は $1 - 2 + 1 = $ **0** となります。

向き付け不可能な閉曲面は、球面から n 個の円板を抜き取り、それぞれの境界にメビウスの帯の境界を同一視することでつくられます。この閉曲面を M_n とすると、円板は、球面から1個の円板を抜き取った図形と同相なので、5-7 で見たように、M_1 は射影平面と同相になります(図 5-11-1)。また、少し難しいですが、図 5-7-2(5-7参照)の変形を応用すると、M_2 はクラインの壺と同相になることがわかります(図 5-11-2)。

では、M_n のオイラー標数を計算しましょう。展開図としては、$n = 1$ と $n = 2$ の場合の一般化である図 5-11-3 のものがわかりやすいでしょう。頂点の個数は1、辺の個数は n、面の個数は1なので、球面にメビウスの帯が n 個ある図形 M_n のオイラー標数は $1 - n + 1 = $ **$2 - n$** となります。

chapter 5 多様体とは何か？

図 5-11-1

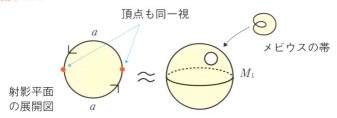

図 5-11-2

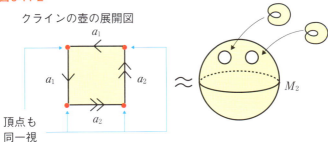

図 5-11-3

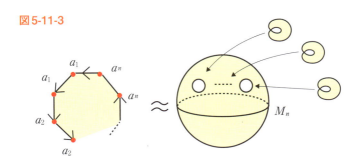

向き付け不可能な閉曲面たち。
頂点はすべて同一視されるので1点しかない

● Column 5

DNAや遺伝子組み換え酵素もトポロジー的?

　分子細胞生物学、生命科学の分野はめざましい発展をとげています。生物の細胞の中には遺伝子の本体である**DNA**があります。DNAが二重らせん構造を持つことは、よく知られていますが、これは、分子生物学者のJ.ワトソン(1928～)とF.クリック(1916～2004年)により発見されました。

　一般に、**真核生物**(細胞内に核を持つ生物)は、DNAが核の中にあり、トポロジー的には、線の形をしたものが**2本、対で存在**します。これに対し、細菌などの核を持たない原核生物は、トポロジー的に環状のDNAを持つものがいるそうで、興味深いですね。

　また、遺伝子の組み換えを行う**酵素**(トポロジーでいう、切ったり貼ったりする「ハサミ」と「ノリ」の役目をする酵素)**トポイソメラーゼ**が見つかっているそうですから、これもまさにトポロジー的です。

chapter 6

埋め込み図形とはめ込み図形
空間の中の図形を考える

「空間の中の図形」について考えます。3次元空間の中ではほどけなかった結び目が、4次元空間の中ではほどけたり、3次元空間では交わりがあったクラインの壺が、4次元空間では交わりを解消できたりすることを図で解説します。

6-1 「正則な射影図」とは？

絵画、マンガ、写真、テレビや映画の映像などは2次元の絵と考えられます。**図6-1-1**のように、空間の中の結び目に上から光を当てて、平面上にできる影も2次元の絵と考えられますが、これを数学では結び目の**射影図**といいます。自明な結び目でない限り、その射影図は**単一閉曲線**（交わりのない閉曲線）にはなりません。

このとき、空間内で結び目を少し動かすことで、その射影図が次の条件を満たすようにできます。

① たかだか有限個の交点しかない。
② 交点は2重点である（3本以上の線が1点で交わらない）。
③ 線同士は接しないし、線で重ならない。とがった点で線に重なることもない。

このような射影図は「正則である（あるいは**正則な射影図**）」といいます。たとえば、**図6-1-2**の②'と③'は、それぞれ②と③を**満たしていない**射影図の一部分です。②'または③'のような部分を含む射影図は、正則ではありません。③のような線の交わりは**横断的な交わり**と呼ばれます。

射影図の交点において、射影する方向から見て、どちらが上側の線で、どちらが下側の線かがわかるように、下側の交点の周りを部分的に切った平面図は**図式**と呼ばれます（**図6-1-1**）。実際には切れていませんが、立体的に見せるために、下にある線を切って描くのです。射影図の交点は、図式においても交点と呼ばれます。

chapter 6　埋め込み図形とはめ込み図形

図 6-1-1

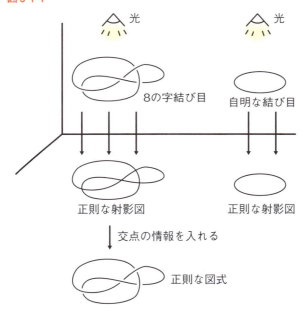

図 6-1-2

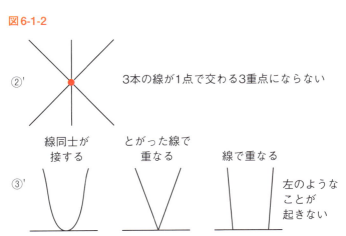

6-2 交差交換で「自明な結び目」にする

　1本のひもを固結びして両端をくっつけ、輪にしたものは三葉結び目と呼ばれます。三葉結び目はどんなにイソトピー変形しても、「結び目」のない結び目（**自明な結び目**）にはなりません。ひもを切ってほどいてくっつけなければ自明な結び目にはならないことがわかっています。この項では、自明でない結び目が、**結び目の正則図式**とその図式上の操作である**交差交換**を用いることで、自明な結び目になることを見ていきます。ここで、**交差交換**とは、正則な図式において交点の上下を入れ替える操作です（図6-2の四角で囲った図を参照）。これには2つの操作（右向きの操作と左向きの操作）があります。

　図6-2の結び目Kの正則図式Dにおいて、交点でないところに点Pをとり、点Pを結び目の正則図式に沿って動かしましょう。そして、初めて通過する交点にきたとき、その交点で下を通っていれば、上を通るようにその点で交差交換をします。点Pは各交点を2回通過しますが、1回目に通過するときは上を通り、2回目に通過するときは下を通るように交点を変えるのです。点Pを動かしながら交点の上下を修正し、点Pが出発点に戻ってきたとき、Dは自明な結び目の図式になっていることがわかるでしょう。

　したがって、結び目Kの正則図式の交差交換に対応する変形を3次元空間の結び目に対しても行えば、Dが自明な結び目の正則図式になるのにともない、実際の結び目Kも自明な結び目になることがわかります。もちろん、このような変形は、実際にはひもを切って局所的に変形し、切ったところを元通りにくっつけなければいけません。

chapter 6 埋め込み図形とはめ込み図形

図6-2

結び目Kの正則図式D

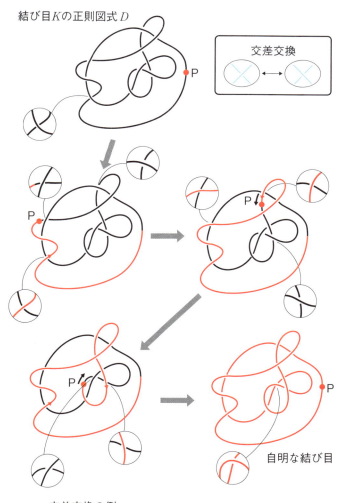

交差交換の例 　　　　　自明な結び目

6-3　4次元空間の中の結び目

6-2では、結び目の正則図式におけるいくつかの交点で上下を入れ替えることで、その図式が自明な結び目の図式になるのを見ました。

このような図式の交差交換に対応する3次元空間での結び目の変形は、ひもを切らない限り行うことはできません。

しかし、4次元以上の空間では、図式の交差交換に対応する結び目の変形が、(ひもを切らなくても)イソトピー変形で行えます。

まず、xy平面のx軸に赤と黒で塗られた1本のひもを置きます(**図6-3-1**)。この図のように、ひもの赤色部分をy軸の正の方向に**平行移動**するのをイメージしてください。このとき、平行移動する前と平行移動した後で、赤色部分のx座標は同じ値になりますが、y座標はすべての点で一斉に同じ値に変わります。

同様のことを4次元空間でやってみます。結び目のすべてのひもが、4次元空間の第4座標が$x_4 = 0$のところ(3次元空間)にあるとします。交差交換すべき交点の周りの1本の線分に注目し、さきほどと同じ要領で、この線分をx_1、x_2、x_3座標はそのままで、x_4軸のどちらかの方向、たとえば、x_4軸の正の方向に$x_4 = 1$まで平行移動します(**図6-3-2**)。

このとき、$x_4 = 1$の切り口である3次元空間には、平行移動してきた線分以外に何も存在しないので、その3次元空間で、もう一方のひもと交差交換できる位置まで動かします。x_4軸の負の方向に平行移動して$x_4 = 0$まで戻れば、交差交換完了です。

したがって、6-2の結果を用いれば、すべての結び目は4次元空間で自明な結び目になることがわかります。

chapter 6　埋め込み図形とはめ込み図形

図 6-3-1

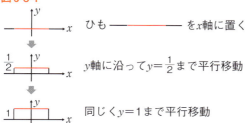

図 6-3-2

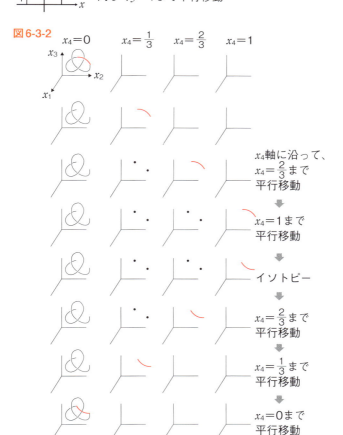

6-4 「埋め込み」とは何か?

図形Xから図形Yへの中への写像$f: X \to Y$のYを$f(X)$に制限した写像がXから$f(X)$への同相写像のとき、このfを**埋め込み写像**といい、$f(X)$をfによるXの**埋め込み(図形)**といいます。このとき、Xと$f(X)$は同相です。

地球上に存在するあらゆる物体は3次元空間への埋め込みと考えることができます。Yの次元が大きいほど、埋め込みの自由度は高くなります。逆に、Yの次元が小さいほど、埋め込みの自由度は低くなります。たとえば、3次元の物体を2次元以下の空間に埋め込むことはできません。

また、射影平面とクラインの壺は2次元の図形ですが、3次元空間にさえ埋め込むことができません(**5-7**、**5-8**参照)。したがって、射影平面とクラインの壺は2次元空間、1次元空間には当然、埋め込めません。

埋め込みの簡単な例を見ていきましょう。たとえば、$X = S^1$(単位円)、$Y = \mathbb{R}^2$(平面)としましょう。このとき、**図6-4-1**にあるように、さまざまな埋め込みが考えられます。これらの図形は**単一閉曲線**(交わりのない閉曲線)と呼ばれます。**図6-4-2**のように曲線が交わると、その交点のところで、写像fが**2対1の対応**となり、写像fが1対1写像であることに矛盾するからです。

今度は、$X = S^1$(単位円)、$Y = \mathbb{R}^3$(3次元空間)としましょう。このとき、**1-2**の結び目Aも結び目BもS^1の埋め込みと考えることもできます。このように、結び目はS^1の$\mathbb{R}^3$への埋め込みとなっているのです。埋め込み方によってさまざまな結び目をつくることができるのです。

chapter 6　埋め込み図形とはめ込み図形

図 6-4-1

S^1の$\mathbb{R}^2$への埋め込み（単純閉曲線）。単純閉曲線とは交わりのない閉じた曲線のこと

図 6-4-2

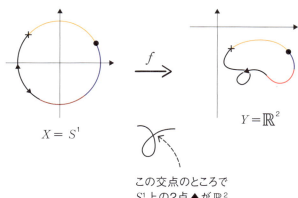

この交点のところでS^1上の2点▲が$\mathbb{R}^2$上の1点に写っている。fは▲の点で2対1写像

6-5 結び目が境界の「ザイフェルト曲面」

　結び目Kを境界に持ち、かつ、連結で向き付け可能な2次元多様体をKの**ザイフェルト曲面**といいます。すべての結び目にそのザイフェルト曲面が存在します。この項では、ドイツの数学者ヘルベルト・ザイフェルト (1907〜1996年) が1934年に考えた以下の**アルゴリズム**によってつくられるザイフェルト曲面について解説します。

・ザイフェルトのアルゴリズム
(1) 結び目の正則な図式に方向をつける。
(2) 方向に従い、各交点の周りを**スプリット (切り離す)** する (いくつかの単一閉曲線ができる)。
(3) 方向のついた各単一閉曲線に円板を張る。
(4) 交点のあったところに**ねじれたバンド**をつける。

　このアルゴリズムによりつくられる曲面が、連結で向き付け可能であることを確認しましょう。(3) でつくられた円板に、表と裏の区別をつけるため、表側を円板の境界 (結び目の一部分) の向きが時計と反対回りのもの、裏側を時計回りのものとして模様を描きましょう。このとき、(2) の各交点のスプリットの仕方から、ねじれたバンドは、表の円板と裏の円板をつなげていることがわかるので、バンド周りは**局所的**に向き付け可能であることがわかります。よって**全体としての**曲面は、表と裏が区別できて、向き付け可能であることがわかります。連結であることは、結び目は1本のつながったものであり、境界がつながっていることから明らかです。ザイフェルト曲面は特異点を持たないので、境界を持つ2次元多様体の3次元空間への埋め込みとなっています。

図 6-5

ザイフェルト曲面のつくり方

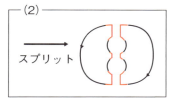

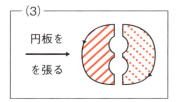

6-6 「結び目の種数」は「結び目の不変量」

　結び目Kのザイフェルト曲面の中で種数が最小のものを**Kの種数**といいます。結び目の種数は、**結び目の不変量**です。

　ザイフェルト曲面の種数をイメージするため、トーラス、2人乗りの浮き輪、3人乗りの浮き輪、…から、それぞれ1つの円板を取り除いた曲面を思い浮かべましょう（6-5の、トーラスから開円板をくり抜いた図の変形を参考に）。これらはすべて、自明な結び目を境界とする曲面です。トーラスでは、2本を1組にしたバンドが1組あり、n人乗りの浮き輪ではn組あります。

　自明でない結び目を境界とする曲面もこのようなバンドの形になることが知られています。違うのは、自明でない結び目のザイフェルト曲面の場合、バンド自身がねじれていたり、バンド同士で絡んでいたりすることです。

　前者においても、後者においても、このような**2本1組のバンドの組数が、その曲面の種数**になることがわかっています。このことは、5-5の図におけるイソトピー変形を逆向き（下から上）に行うことで直感的には明らかです。

　図6-6に三葉結び目（6-2参照）のザイフェルト曲面を示します。赤色の部分が三葉結び目（曲面の境界）で、青色の部分が曲面の内部です。曲面がゴムでできていると思って、その曲面①を変形していくと、②のような曲面になりますが、このとき、2本1組のバンドの組数は1組なので、三葉結び目の種数は1以下ということになります。一方、種数が0の結び目は自明な結び目しかなく、三葉結び目は自明な結び目ではない（8-3参照）ので、結局、三葉結び目の種数は1であることがわかります。

chapter 6　埋め込み図形とはめ込み図形

図6-6

この部分も球面の裏側なので、本当は濃い青だが、図をわかりやすくするため白にしている（以下同）。

裏
表

≈ 同相

イソトピー

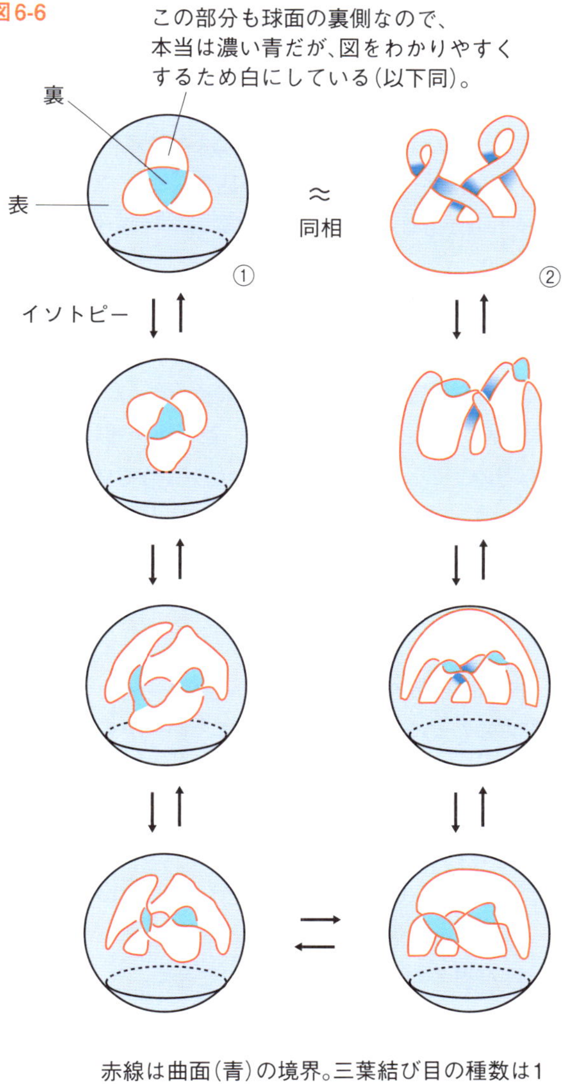

赤線は曲面（青）の境界。三葉結び目の種数は1

6-7 「はめ込み」とは何か？

　これまでに出てきたクラインの壺は、実は本物のクラインの壺ではなく、正確にはクラインの壺の**はめ込み**になっています。この図形には交わりがあるからです。この節では、はめ込みと呼ばれる2次元図形について説明します。

　はめ込み（図形）は、埋め込み（図形）と少しだけ違います。図形Xから図形Yへの埋め込み（図形）は、単射（1対1対応）で、連続で、逆写像が連続である写像、あるいはそのような像のことでしたが（6-4参照）、はめ込みは、連続で、逆写像が連続である写像、あるいはそのような像をいいます。単射（1対1対応）でなくてもよい、すなわち、その図形に交わり（**特異点**）があってもかまいません。

　ただしその交わりは、数学用語でいう**横断的な交わり**でなくてはなりません。

　2次元平面の中の1次元図形（曲線）の横断的な交わりについては6-1で説明したので、この項では、3次元空間の中の2次元図形（曲面）の横断的な交わりについて話します。

　3次元空間の曲面における横断的な交わりとは、**その周りに、少なくとも1つの円板がとれ、その交点で2枚以上の曲面が接したり、面で重なったりしない点のこと**です。一方の面が他方の面を突っ切るような交わりです（図6-7-1）。図6-7-2のように、折れた面の線が別の面と重なってはいけません。

　図6-7-3はクラインの壺のはめ込みです。この図形には横断的に交わった2重線があります。図6-7-1は円板のはめ込みです。境界が結び目になっています。

chapter 6 　埋め込み図形とはめ込み図形

図 6-7-1

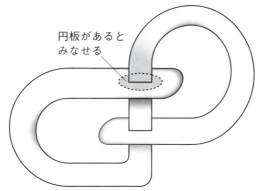

円板のはめ込み

図 6-7-2

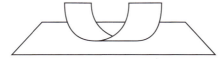

横断的でない交わり

図 6-7-3

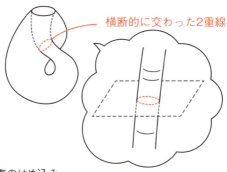

クラインの壺のはめ込み

6-8 「結び目を境界とする曲面」のはめ込み

前の項では、円板を$\mathbb{R}^3$にはめ込んだ図形を紹介し、その境界が結び目になることを見ましたが、ここでは逆に、結び目に自然に円板を張ることを考えます。

円板を張るとは、たとえば、針金でできた丸い枠に石けん膜を張るイメージ、あるいは、金魚すくいの枠に和紙を張るイメージです。

自明な結び目には円板を張ることができます（図6-8-1）。

一方、針金でつくった三葉結び目に石けん膜を張れるでしょうか？

やってみるとわかりますが、**石けん膜を張れたとしても、張れた石けん膜の形は円板ではありません**。自明でない結び目には、3次元空間の中では特異点なしでは円板を張れません。

自明でない結び目に円板を張った曲面は、必ず、図6-8-2の赤線のような特異点を持ち、それぞれ、**クラスプ型特異点**、**リボン型特異点**と呼ばれます。図にあるように、どちらの特異点も2重点で、その交わり方は横断的な交わりです。したがって、このような特異点を持つ曲面は円板の$\mathbb{R}^3$へのはめ込みになっています。

前項の図6-7-1の図形の特異点はリボン型です。リボン型の特異点は、その曲面の境界（結び目の部分）を固定し、図6-7-1の円板だけを4次元空間で動かすことで、4次元空間で（滑らかな）円板を張れます。平行移動の考え方（6-3、6-10参照）で、特異点を含む円板を新しい空間に移動できるからです。

このような考え方については6-10で解説します。

chapter 6 埋め込み図形とはめ込み図形

図 6-8-1

自明な結び目に円板を張る

図 6-8-2

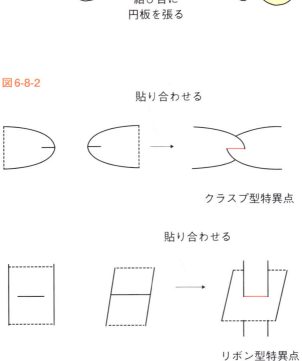

貼り合わせる

クラスプ型特異点

貼り合わせる

リボン型特異点

6-9 「射影平面」のはめ込み

　射影平面は3次元空間に埋め込むことができません。展開図を用いてつくろうとしても、どうしても交わりができてしまいます。交わりを許してつくったものに、**十字帽、ローマン曲面、ボーイ曲面**があります。これらの図形には交わりがあるため、射影平面の埋め込みにはなっていません。

　3次元空間の中の曲面が特異点を持つ場合、以下の説明にあるような**2重点か3重点、ピンチ点**のどれかであるように変形できます（図6-9-1〜図6-9-3）。これら以外の特異点は、曲面を少しずらすことで解消できるからです。

　2重点は、2枚の曲面が横断的に交わった2重線上にあり、閉じているか、無限に伸びるか、境界線に達するか、ピンチ点と呼ばれる点で終わるかのいずれかです（図6-9-1、図6-9-2）。3重点は3枚の曲面が1点で交わっている点です。この中で横断的でないものはピンチ点のみです。

　十字帽、ローマン曲面、ボーイ曲面の特異点をくわしく見ましょう。図6-9-3にあるように、十字帽には1本の2重線があり、その境界はピンチ点と境界に達する2重点となっています。ローマン曲面には6つのピンチ点と1つの3重点（見えていないが図の中心部）があります。どちらの曲面にもピンチ点があるので、どちらも3次元空間への射影平面のはめ込みにはなっていません。

　一方、ボーイ曲面には3つの閉じた2重線と1つの3重点があります。これらの各点はピンチ点ではないので、ボーイ曲面は射影平面のはめ込みであることがわかります。知られている射影平面のはめ込みで最も単純なものです。

chapter 6　埋め込み図形とはめ込み図形

図 6-9-1

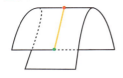

図 6-9-2

| 閉じた
2重線 | 無限に伸びる
2重線 | 境界に達した2重点
で終わる2重線 |

図 6-9-3

| 十字帽 | ローマン曲面 | ボーイ曲面の
中心部 |

黄色	2重線
緑色の点	境界に達した2重点
赤点	ピンチ点
青点	3重点
2重線上の点	2重点

107

6-10 4次元空間の中で「クラインの壺」はどうなる?

3次元空間$\mathbb{R}^3$におけるクラインの壺の特異点は、$\mathbb{R}^3$の中で、どんなにハサミとノリを使わない変形をしても、あるいはハサミとノリを使う変形をしても、解消できないことがわかっています。しかし、周りの空間を4次元空間$\mathbb{R}^4$にすると、ハサミとノリを使わない変形で取り除けます。

6-3で述べた**平行移動**の考え方で、クラインの壺の特異点を$\mathbb{R}^4$で取り除いてみましょう。

図6-10のように、4次元ユークリッド空間$\mathbb{R}^4$の中の第4座標が$x_4 = 0$の**切り口**に、クラインの壺があるとします。図6-7-3にあるように、クラインの壺の特異点は、チューブの部分が曲面と横断的に交わった交わり上にあり、全体として円のような形をしています。

この「チューブの部分」を、x_1、x_2、x_3座標はそのままで、x_4軸方向に$x_4 = 1$まで平行移動しましょう。このとき、第4座標が$x_4 = 1$の切り口である$\mathbb{R}^3$には、平行移動してきた円以外に何も存在しません。交わりの一方の円だけを、第4座標が$x_4 = 1$である切り口に持ってきたからです。そのため、曲面上に交わりは存在しません。チューブはつながっているので、$x_4 = 0$の切り口では、一方のチューブの周りが消えています。このように、$\mathbb{R}^4$には、閉曲面である本物のクラインの壺が存在できます(埋め込むことができる)。

$\mathbb{R}^3$にはめ込まれた曲面は$\mathbb{R}^4$に埋め込むことができます。特異点の部分が1次元の曲線なので、それを含む周りの曲面を、さきほどと同様に第4座標の方向に平行移動すればよいからです。

chapter 6　埋め込み図形とはめ込み図形

図 6-10

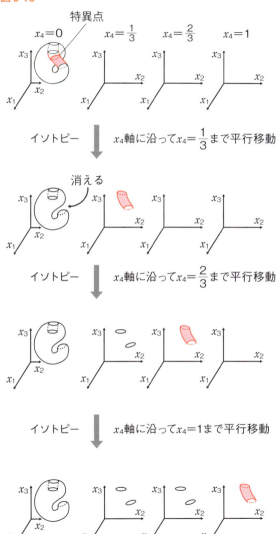

Column 6

3次元空間の射影平面はどんな形？

　ドイツでは、19世紀末から20世紀初めにかけて、射影平面やクラインの壺のような不思議な図形が流行し、石こうや木などで、たくさんの模型がつくられました。

　クラインの壺はよいとして、射影平面は実際にはなかなかつくれません。射影平面は3次元空間で交差を許してどのような曲面になるのでしょうか？

　この問題はドイツの数学者メビウス（1790～1868年）によって1867年に提起され、その後、さまざまな研究者がこの問題に挑戦しました。

　19世紀末に発見された最も単純な曲面が、スイスの数学者シュタイナー（1796～1863年）が考案した**ローマン曲面**です（6-9参照）。1903年にはドイツの数学者ボーイ（1879～1914年）によって、より単純な**ボーイ曲面**と呼ばれる曲面が考え出されました。**十字帽**と合わせてこれらの3つの曲面は、方程式で表せるので、計算機を用いて描けます。

chapter 7

基本群を知る
「閉じたひも＝ループ」について考えてみよう

位相不変量の1つである「基本群」について解説します。単連結である、すなわち「基本群が自明である」ということを、例を挙げながら説明します。また、円周、円環面、トーラスの基本群を求めます。

7-1 ひもが回収できるかできないかでわかる曲面の形

5-1で、曲面の世界にいるあなたが自分の世界の全体像を認識するのは難しいという話をしました。現在では「地球が丸い」ことは誰でも知っていますが、かつて人々にとって、地球の形を認識することは困難でした。地球の表面に閉じ込められた2次元人にとっては、なおさらです。それは我々地球人にとって宇宙の形を知ることが難しいのと同様ですが、何か手がかりはないのでしょうか。

たとえば、あなたが今いる場所からある一定の方向に真っすぐ進んでみましょう。同じ場所に戻ってきたとすれば、**世界はどこまでも無限に広がる平面ではない**ことになります。3次元的な視点に立てば、その2次元世界の形は球面かもしれないし（図7-1a）、トーラスの可能性もあります（図7-1b）。あるいは、2人以上の人が乗れる浮き輪のようなものかもしれません（図7-1c）。このように、これだけの情報ではその形を特定することはできません。

そんなときは、ひもを出しながら旅に出ましょう。ひもの端点を外れないよう、出発地点にしっかりと固定し、そのひもを出しながら旅に出て、出発地点に戻ってきたとします。どのようなルートで旅をしてきても、**出発地点でひもを手繰り寄せたとき、ひもがすべて回収できるなら、あなたの世界はトーラスや3人乗りの浮き輪の形ではない**ことがわかります。トーラス、3人乗りの浮き輪では、ひもが浮き輪の穴に引っかかって回収できないからです。

出発地点でひもを手繰り寄せたとき、回収できないひもがあるときは、そのようなひも同士の関係を調べることで、世界の形を大ざっぱに知ることができます。

chapter 7　基本群を知る

図 7-1

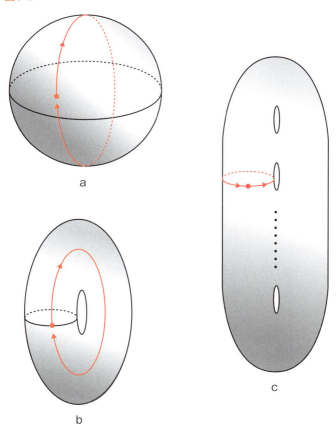

a

b

c

aは回収できるひも、b、cは回収できないひも

7-2　1点に縮められれば「単連結」

　グラフのどんな頂点からどんな頂点にも行ける道があるとき、そのグラフは「連結である」といいました（**2-2**参照）。ここで、閉区間$[0, 1]$から図形Xへの連続写像f、あるいはその像$f(X)$をX上の道といい、$f(0)$を始点、$f(1)$を終点といいます。また、X上のどんな2点もX上の道で結べるとき、「Xは**連結である**」といいます。この項では「単連結」という言葉の意味を説明します（**1-5**参照）。図形Xが**連結**であり、X内のどんな閉じた道もXの中で連続的に1点になるとき「Xは単連結である」といいます。たとえば、Xの中にいるあなたが、出発地点の選び方によらず、Xの中のどんな場所にも行けて、なおかつ、**7-1**にあるように、（出発地点）＝（到着地点）でひもがすべて回収できるとき、Xは単連結であるということになります。

　ところで、図形全体が自分自身の中で連続的に1点に縮められるとき、その図形を**可縮な図形**といいます。たとえば、n次元球体は可縮な図形です。0次元球体は図形そのものが1点なので可縮ですし、1次元球体、2次元球体、3次元球体も**図7-2-1**のように、その図形の中で1点に縮めることができるので、可縮な図形であることがわかるでしょう。可縮な図形は単連結なので、これらの図形は単連結な図形の例となります。

　2次元球面は可縮ではありませんが、単連結です。1次元球面については、1周するループがすでに縮められないループなので、単連結ではありません。したがって可縮でもありません。n人乗りの浮き輪、円環面、トーラス体、トーラスも同様に、単連結でも可縮でもありません。

chapter 7　基本群を知る

図 7-2-1

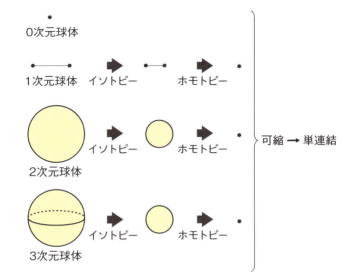

図 7-2-2

7-3 「ホモトピックなループ」とは？①

　図形X上の道fで始点と終点が一致する道、すなわち、$f(0) = f(1)$となる道を**閉じた道**あるいは**ループ**といい、X上の点$f(0) = f(1)$をループfの**基点**といいます。ループの基点は、歩く道の出発地点であり到着地点でもあります。

　基点を固定しても、旅のルートはいろいろあります。しかし、少しずれて歩くような道は、ここでは本質的に同じ道とみなします。正確には、基点を固定した**ホモトピック**（4-5参照）なループは同じループだとみなします。

　円環面を例に、くわしく見ましょう。円環面は、円板から小さな円板を取り除いた図形です。筒と思ってもかまいません（図7-3-1）。図7-3-2のように、点xを基点とし、穴の周りを反時計回りに1周する赤のループをaとします。このとき、点xを基点とし、穴の周りを反時計回りに1周回るループは、速さが違ったとしても、少しずれていたとしても、ループaとホモトピックです。これらのループは円環面の中で、基点を固定したまま互いにうつり合うからです。このような道はすべて同じとみなし、aとします。図7-3-2の青、赤、緑の3つのループはどれもaになります。

　さらに、点xを基点として穴の周りを反時計回りに2周するループは、どんなものでも互いにホモトピックなので、これらは同じとみなし、a^2と表すことにします。同様に、n周するループをa^nとします（nは自然数）。なお、ループa^1は点xを基点とし、穴の周りを反時計回りに1周するループなので、aと同じものです。

　また、ループとして、定値写像（$f(t) = x$, $0 \leq t \leq 1$）も考えられます。これをeと表すことにします。

chapter 7 基本群を知る

図 7-3-1

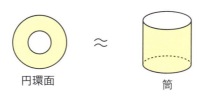

円環面 ≈ 筒

図 7-3-2

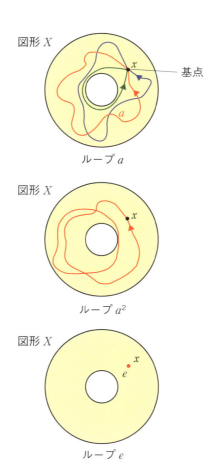

図形 X — 基点 x
ループ a

図形 X
ループ a^2

図形 X
ループ e

7-4 「ホモトピックなループ」とは？②

この項では、一般の図形X上の基点付きのループについて述べます。a、b、cを、同じ基点を持つX上のループとします。

$\frac{1}{2}$の時間で道aを歩いた後、$\frac{1}{2}$の時間で道bを歩くループを記号で$a*b$と表すことにします（図7-4-1）。このとき、前の項と同様に、道aに続いて道bを単位時間内に歩くループは、どんなものでも同じ道とみなし、$a*b$と表すことにします。したがって、$a*a$はa^2と同じなので$a*a = a^2$で、一般に$a^m * a^n = a^{m+n}$が成り立ちます（mとnは自然数）。

ところで、図7-4-2にあるように、X上の基点付きのループには「連続的に1点になるループ」があります。このようなループは**ヌルホモトピック**なループといわれます。この道は本質的に、前項の定値写像eと同じなので、これもeと表すことにします。道eを最初に歩いても、最後に歩いても、本質的には道に影響はありません（図7-4-3）。式で表すと、$a*e = e*a = a$となります。

また、図7-4-4のように、基点付きのループaを逆方向に歩くルートがありますが、このループをa'とすると、式$a*a' = a'*a = e$が成り立ちます。したがって、ループa'をa^{-1}と表すと、$a^m * a^n = a^{m+n}$が成り立ちます（mとnは整数）。

ここで、演算$*$に関して**結合法則**$(a*b)*c = a*(b*c)$が成り立ちます。左辺は$\frac{1}{2}$時間で道$a*b$を歩いた後、$\frac{1}{2}$時間で道cを歩くループ。右辺は$\frac{1}{2}$時間で道aを歩いた後、$\frac{1}{2}$時間で道$b*c$を歩くループです。これらは基点を固定して互いにうつり合うので、本質的に同じ道とします。順番によらないので、式のカッコは省略してもかまいません。

chapter 7 基本群を知る

図 7-4-1

図形 X
基点

$a*b$

$a*a=a^2$

※スタート地点がわかりにくくなるので、始点と終点のみ基点と一致させている。

図 7-4-2

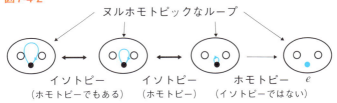

ヌルホモトピックなループ

イソトピー（ホモトピーでもある） ⟷ イソトピー（ホモトピー） ⟷ ホモトピー（イソトピーではない） → e

図 7-4-3

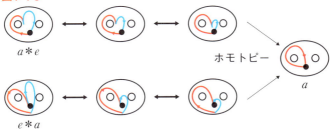

$a*e$

$e*a$

ホモトピー

a

図 7-4-4

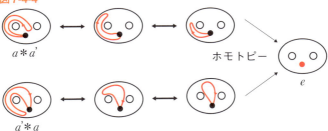

$a*a'$

$a'*a$

ホモトピー

e

7-5 「基本群」とは何か？

　図形Xにおける基点付きのループの集合は、単なる集合ではなく、次の3つの条件を満たす集合です。このような集合は**群**と呼ばれ、このようなループの集合は**図形Xの基点付きの基本群**と呼ばれます。

　(1) 集合内で演算を定義することができる。
　(2) 集合内に**単位元**が存在する。
　(3) 集合内のすべての元に**逆元**が存在する。

　まず、(1) から見ましょう。ループ上の演算は＊で、ループをつなげる操作にあたり、aとbがX上のループのとき、$a*b$もX上のループになるので(1)は成り立ちます。(2)における**単位元**とは、集合のどんな要素aに対しても、等式$a*a' = a'*a = a$を満たす要素a'のことです。この場合、ヌルホモトピックなループeがa'に相当するので(2)も成り立つことがわかります。(3)における**逆元**とは、集合の各要素aに対して、等式$a*a' = a'*a = e$を満たす要素a'のことです。ここでは、ループaに対して、その逆回りのループa^{-1}がそれに相当します。

　図形Xが弧状連結であれば、基点の取り方によらず基本群は変わりません。そこでこの群を、単に図形Xの**基本群**といいます。基本群は生成元と生成元同士の関係式で決まります。2つの図形の基本群が異なれば、それらは同相ではありません。

　単連結な図形のループはヌルホモトピックなループなので、基本群は単位元のみからなる群となります。これを**自明な群**といいます。したがって、ポワンカレ予想の命題は「**基本群が自明である3次元閉多様体は3次元球面のみである**」と主張しています。

図7-5

(1) a、b：xを基点とするループ
　　$\longrightarrow a*b$：xを基点とするループ

(2) 単位元
　　$a*e = e*a = a$となる元e

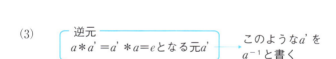

(3) 逆元
　　$a*a' = a'*a = e$となる元a' → このようなa'をa^{-1}と書く

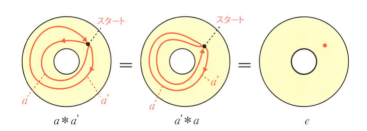

7-6 「生成元」とは何か?

　図形の基本群 G の各元が部分集合 S のいくつかの元で表されるとき、S は G を**生成する**といい、S の元を G の**生成元**といいます。このとき、S を含む集合は G を生成しますが、S のどんな元も S のほかの元で表せないとき、S は G の**独立な生成元の集合**といいます。この項では、これらについて例で説明します。まず、円環面を例にとりましょう。図7-6-1のように x を基点として、穴の周りを反時計回りに1周するループを a とします。このとき、x を基点とするどんなループも a を用いて表せます。よって、集合 $\{a\}$ は円環面の基本群 G を生成し、ループ a は、G の生成元になります。

　次に、円板から2つの小さな円板を取り除いた図形を考えます。これを X とすると、X 上のどんなループも、図7-6-2左のような2つのループ a と b で記述できます。たとえば、図7-6-2中央のような2つの穴の周りを時計回りに1周するループ c は $a*b$ と表せ、左の小さな穴の周りを反時計回りに3周するループ（図7-6-2右）は a^{-3} と表せます。このように、集合 $\{a, b\}$ は、X の基本群を生成し、その独立な生成元の集合になります。生成元の集合の取り方は一意的ではありません。たとえば、集合 $\{a, c\}$ も集合 $\{a, b, c\}$ も生成元の集合ですが、前者は独立な集合で、後者は独立な集合ではありません。

　次に、トーラスを例にとります。図7-6-3のようなトーラス上を1周するループを、それぞれ、**ロンジチュード**、**メリディアン**といいますが、トーラス上のどんなループもこの2つのループで表せます。よって、これら2つからなる集合はトーラスの基本群を生成し、それぞれ、この基本群の生成元になります。

chapter 7 基本群を知る

図 7-6-1

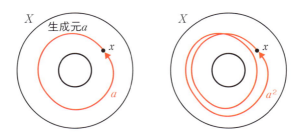

図 7-6-2

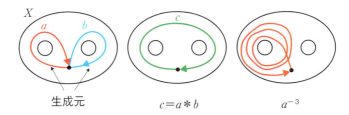

図 7-6-3

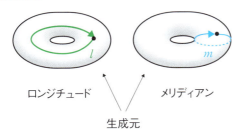

7-7 「円周」の基本群

　円周の基本群は **7-5** の (1) ～ (3) を満たす円周上のループの集合ですが、どのようなものでしょうか？

　ここで、この群 (の**タイプ**) を求めるため、次の**同型写像**を定義します。2つの図形はその間に同相写像があるか否かで区別しますが、群の場合、同型写像があるか否かで区別します。

　群 G から群 G' への写像 $g: G \to G'$ が同型写像であるとは、写像 g が1対1かつ上への写像であり、G の2つの元 a, b に対して、$g(a * b) = a * b$ が成り立つときにいいます。このとき、G と G' は**同型**であるといいますが、この本では、**同じタイプ**である、ということにします。

　円周の基本群のタイプを決めるため、その群の独立な**生成元**に注目します。生成元としては、円環面と同様に、反時計回りに1周するループをとれます。これを円環面のときと同じく a とすると、$a^m * a^n = a^{m+n}$ が成り立ちます。

　円周の基本群 G から整数全体の集合 $\mathbb{Z}$ への写像を、$g(a^m) = m$ と定義すると、g は1対1かつ上への写像となります (ただし、$\mathbb{Z}$ は群である)。また、$g(a^m * a^n) = g(a^{m+n}) = m + n = g(a^m) + g(a^n)$ が成り立つので、g は同型写像であることがわかります。すなわち、円周の基本群は、整数全体の集合 $\mathbb{Z}$ と同じタイプであることがわかります。

　ここで、整数全体の集合 $\mathbb{Z}$ における演算は、通常の足し算です。写像 g は、円周を時計回りに n 周するループには整数 $-n$ を対応させ、1周もしないループには整数0を、反時計回りに n 周するループには整数 n を対応させる写像です (n は自然数)。

図7-7

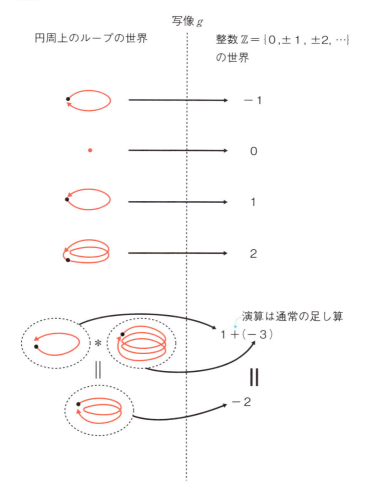

7-8 「トーラス」の基本群

　トーラスの基本群(のタイプ)はどのようなものでしょうか？　その群のタイプを決めるため、独立な**生成元**に注目します。生成元の取り方はいろいろありますが、群のタイプは生成元の取り方に関係なく一意的に決まるので、トーラスの生成元として**メリディアン**と**ロンジチュード**を採用します。

　図7-8-1のように、メリディアンをm、ロンジチュードをlとします。これら2つのループに何か関係はあるのでしょうか？　ここでトーラスの展開図を思い出してください(図7-8-2)。長方形の辺がちょうどmとlに対応しています。この図から、$m*l*m^{-1}*l^{-1}$という道は円板の境界なので、ヌルホモトピックな道であることがわかります。すなわち、等式$m*l*m^{-1}*l^{-1}=e$がいえます。この等式の両辺に右から$l*m$を記号$*$でつなげると、$m*l*m^{-1}*l^{-1}*l*m=e*l*m$となりますが、7-5の群の定義(2)と(3)を用いると、この式は$m*l=l*m$となります。

　このことは、実際にやってみるとわかります。浮き輪にロープをゆるめに巻きつけて結びましょう。このとき、m方向とl方向の順番にはよらず、それぞれに巻きつけた合計の数が同じなら、巻きつけた結果は同じになります。動かして互いにうつり合うことが確認できます(図7-8-3)。

　前項の結果を用いると、ロープを何回巻きつけたかは、記号の$\mathbb{Z}$で表せるので、トーラスの基本群は、m方向の$\mathbb{Z}$とl方向の$\mathbb{Z}$の組で表すことができます。このような$\mathbb{Z}$と$\mathbb{Z}$の組のことを$\mathbb{Z}\oplus\mathbb{Z}$と書きます。記号$\oplus$は、巻きつけ方が$m$方向と$l$方向の順番によらないことを表します。

chapter 7 基本群を知る

図7-8-1

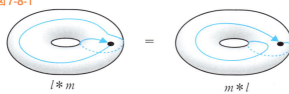

$l*m$ = $m*l$

図7-8-2

トーラスの展開図

長方形を一周するループ
$m*l*m^{-1}*l^{-1}=e$

図7-8-3

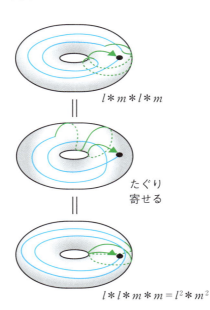

$l*m*l*m$

たぐり寄せる

$l*l*m*m=l^2*m^2$

127

Column 7

橋かけゲーム

数理経済学、ゲーム理論など、広範囲にわたる分野で成果をあげたデヴィッド・ゲール(1921～2008)が考案したといわれる**橋かけゲーム**を紹介しましょう。

まず図1のように頂点が与えられ、AとBの2人のプレーヤーが交互に競い合って「橋をかけ」ていくゲームです。Aは黒丸を頂点とする上端から下端(あるいは下端から上端)へとつながるグラフを、1回に辺を1本ずつ描きながらつくろうとします。

このとき、辺は上下か左右の1組の隣の端点を結び、対角線のような斜めのグラフは用いません。同様に、Bは白丸を頂点とする左端から右端(あるいは右端から左端)へとつながるグラフをつくろうとします。

まず先手を決め、その後、交互に辺を1回に1つずつ描き、それぞれ相手のグラフが伸びていくのを阻止することを考えつつ、自分のグラフをつなげます。例えば、先手が勝った一例を図2に示します。なお、丸数字は手数の順を表します。パーコレーション(浸透)のモデルにも似て興味深いゲームですが、さて、先手必勝法はあるでしょうか? 考えてみましょう。

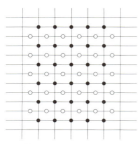
図1 橋かけゲーム

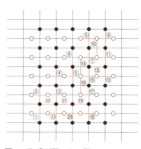
図2 先手が勝った一例

chapter 8

結び目の不変量
動かさなくても同値かどうかわかる

閉じた曲線（結び目）を3次元空間の中で動かすと、さまざまな形になります。結び目の不変量を用いると、動かさなくても、2つの結び目がうつり合うかどうかわかる場合があります。この章では結び目の不変量のいくつかを紹介します。

8-1 2つの結び目が同値かどうかわかる「結び目の不変量」

　2つの結び目が同値であるとは、一方の結び目を空間の中で動かすと、もう一方の結び目になることでした(**1-4**参照)。つまり、変形してもう一方の結び目になりさえすれば、同値であることが示せるのです。たとえば、**8の字結び目**と呼ばれる結び目は、**図8-1-1**のように変形すれば、その鏡像の結び目になるので、両者は同値な結び目であることがわかります。

　しかし、イソトピーを用いて2つの結び目が同値かどうかを判断することは、一般には困難です。なぜなら、空間の中での結び目の動かし方は無限通りあり、一方の結び目を何百回か動かしてもう一方の結び目にならなかったとしても、あともう1回だけ動かせば、もう一方の形になるかもしれないからです。余談ですが、8の字の結び方は強度もあり、日常的にさまざまな場面で用いられます(**図8-1-2**)。また、固結びなどの結び方だと「結び目」のところで曲がってしまいますが、8の字の結び方だと真っすぐになるので、釣り糸で仕掛けをつくるときにも使われます。

　また、見かけ上まったく異なる形の2つの結び目が同値な結び目であることもあります。この場合は、はなからイソトピーでは望みはないように思われます。たとえば、**図8-1-3**の2つの結び目はまったく異なる結び目のように見えますが、実は同値な結び目です。

　2つの結び目が同値かどうかを判断する有益な材料になるものに**結び目の不変量**があります。2つの結び目が同値でなければ、それらに対する結び目の不変量の値も等しくありません。たとえば、結び目の種数は結び目の不変量でした(**6-6**参照)。この章では、いくつかの結び目の不変量を紹介していきます。

chapter 8　結び目の不変量

図 8-1-1

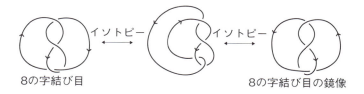

8の字結び目　　　　　　　　　　　　　　　　　　　　8の字結び目の鏡像

図 8-1-2

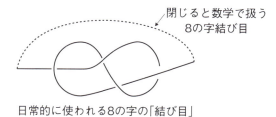

閉じると数学で扱う8の字結び目

日常的に使われる8の字の「結び目」

図 8-1-3

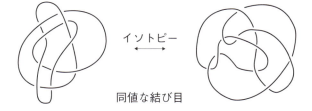

同値な結び目

8-2 3つの変形「ライデマイスター変形」

　空間の中で2つの結び目が同値かどうかを議論するのは一般に難しいことを 8-1 で見ました。結び目を空間の中で動かす方法は無限通りあり、思いどおりに一方の結び目からもう一方の結び目にはならないことのほうが多いからです。

　そこで、3次元空間で結び目を動かすのではなく、自由度の低い2次元の平面で結び目を動かすことを考えます。動かし方が少なくなる分、扱いやすくなるからです。

　これができることを保証する定理があります。この定理はクルト・ライデマイスター（1893〜1971年）というドイツの数学者によって証明されました。

　「2つの結び目の正則図式（6-1参照）が、**ライデマイスター変形Ⅰ、Ⅱ、Ⅲ**と呼ばれる3つの変形（図8-2）で互いにうつり合うことができれば、3次元の中の元の結び目でもイソトピーでうつり合える。しかも逆もいえる。つまり、2つの結び目がイソトピーでうつり合えば、その正則図式もライデマイスター変形でうつり合える」

　そんなわけで、空間の中の図形を平面図形に射影して、結び目の同値問題を考えることができるのです。すなわち「結び目の不変量はライデマイスター変形で変わらない量である」ということができます。

　さて、結び目の不変量は多く発見されています。次項以降では、結び目の正則図式に対して定義される結び目の不変量を紹介します。

図8-2

ライデマイスター変形Ⅰ

または

ライデマイスター変形Ⅱ

または

ライデマイスター変形Ⅲ

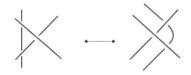

8-3 「3彩色可能性」は結び目の不変量

　三葉結び目は、ひもを切らない限り、ほどくことはできません。しかし、我々はまだ、そのことを厳密には証明していません。

　そこでこの項では、**3彩色可能性**という結び目の不変量を紹介し、三葉結び目が自明な結び目と同値ではないことを示しましょう。

　結び目 K の正則図式において「交点から交点までの各ひも」が、次の①または②を満たすようにある1色で塗られ、その図式が全体として少なくとも2色で塗られているとき、K は**3彩色可能である**、といいます。

① 各交点の周りの3本のひもには、異なる色が塗られている。
② 各交点の周りの3本のひもには、同じ色が塗られている。

　結び目の正則図式が3彩色**可能**なら、その正則図式にライデマイスター変形を行っても3彩色可能であり、また、それが3彩色**不可能**なら、ライデマイスター変形を行っても3彩色不可能なままです（図8-3-1）。

　したがって、結び目が与えられたとき、その結び目が3彩色可能であるか否かは、その正則図式によらず決まる、ということです。

　図8-3-2 は、三葉結び目の正則図式が3彩色可能であることを示しています。一方、自明な結び目の正則図式は3彩色可能ではないので、三葉結び目が自明な結び目と同値ではないことがわかります。

chapter 8　結び目の不変量

図8-3-1

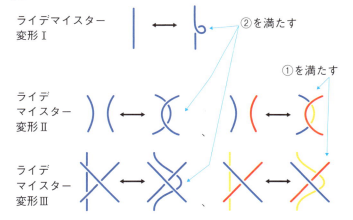

図8-3-2

三葉結び目は3彩色可能。①を満たし、3色で塗られている

自明の結び目は3彩色不可能。②を満たすが、1色でしか塗れない

8-4 3彩色可能の可否は「連立方程式」でもわかる

8-3で、結び目の3彩色可能性について述べましたが、結び目が3彩色可能であるかは、結び目の正則図式から立てられる連立1次方程式を調べることでも判定できます。その連立方程式に**自明な解**(以下で説明)しかないとき、3彩色不可能になり、そうではない(自明でない解がある)とき、3彩色可能になります。このことについて説明しましょう。

図8-4のように「交点から交点までのひも」に変数を割り当て、結び目の正則図式の各交点に、2(上道) − (下道1) − (下道2) = (3の倍数) という式を対応させます。このとき、全部で交点の個数分の式が立てられますが、これらすべての式を満たすよう「交点から交点までのひも」に 0、1、2のいずれかを対応させることができて、しかも、0、1、2の中で少なくとも2つが解として取れるなら、3彩色可能であると定義します。

たとえば、三葉結び目の「交点から交点までのひも」に、図8-4のように変数を割り当てると、次のような3つの式が立てられます。

$$\begin{cases} 2y - z - x = (3の倍数) \\ 2z - x - y = (3の倍数) \\ 2x - y - z = (3の倍数) \end{cases}$$

これを満たす解として、$x = y = z = 0$、1、2があります(すべての変数が等しい解は自明な解という)が、$x = 0$、$y = 1$、$z = 2$ のように、すべて異なる数にしても上記の3つの式は成立するので、三葉結び目は3彩色可能となります。

chapter 8 結び目の不変量

図 8-4

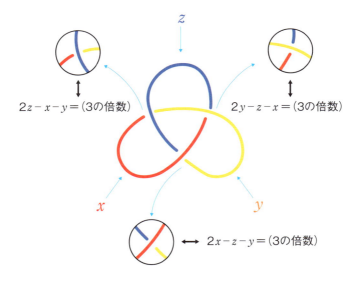

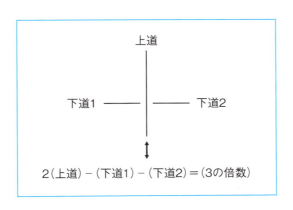

8-5 「結び目解消操作の最小数」は結び目の不変量

6-2では、どんな結び目の正則図式も**交点の入れ替え**(**交差交換**)で自明な結び目の正則図式になることを説明しました(図8-5-1)。このように、結び目の正則図式における局所的な操作を有限回施すと、自明な結び目の図式になるとき、この操作を**結び目解消操作**といいます。

以前にも述べましたが、この操作には2つの操作(右向きの操作と左向きの操作)があります。あたり前ですが、この2つの操作がないと結び目はほどけません。

交点の入れ替えのほかにも結び目解消操作はたくさんあります。たとえば、**Δ型結び目解消操作**というものがあります(図8-5-2)。これが結び目解消操作であることは、この変形を図8-5-2の下図と思うことで理解できるでしょう。結び目において図8-5-2の下図のような輪っかを無理やりつくって、ひもに沿ってスライドさせ、交差点のところにきたら交差点のハードルを飛び越えて、輪っかを輪っかの根元まで持ってこられるからです。

結び目Kが与えられたとき、Kの正則図式Dに結び目解消操作を何回か施すと自明な結び目の図式になるわけですが、その回数の最小数を、**Dの結び目解消数**といいます。Kのすべての正則図式で考えた上での最小数を**Kの結び目解消数**といいます。これは結び目の不変量です。

たとえば、交差交換による三葉結び目の結び目解消数は1です(図8-5-3)。なぜなら、1回の交差交換で三葉結び目は自明な結び目となり、一方で、8-3より、三葉結び目は自明な結び目ではないため、最低でも1回の交差交換が必要だからです。

chapter 8　結び目の不変量

図 8-5-1

交点の入れ替え(交差交換)。
結び目解消操作という

図 8-5-2

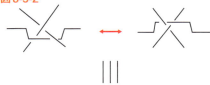

図 8-5-3

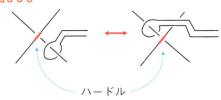

ハードル

Δ型結び目解消操作。
輪っかがハードルを飛び越える

図 8-5-4

三葉結び目　　交差交換　　　　　イソトピー　　自明な結び目

交差交換1回で自明な結び目になる

139

Column 8

「複雑ネットワーク」とは何か?

　1998年ごろから始まった、**複雑ネットワーク**と呼ばれる新しい研究分野があります。その研究対象は、ウェブ、道路網、電力網、人間関係、企業間取引など、大変幅広いものです。ネットワークは、本書で説明しているグラフと同様、頂点と辺からなるものだと思ってください。「複雑」と頭につくのは、現実の複雑な現象を扱うからです。複雑ネットワークの特徴を表す指標となるものはいろいろありますが、解析によく用いられる特徴量は以下の3種類です。

①次数分布:頂点から出る辺の数の分布。
②平均頂点間距離:すべての頂点対にわたる距離の平均。
③クラスター係数:どのくらい密につながっているか。

　もう少し具体的に、「頂点」は「人」、「辺」は「友人関係」と解釈すると、以下のように言い換えることができます。

①友人の数の分布。
②でたらめに2人を選んだときの距離の平均。
③友人同士が、やはり友人である確率。

　そして、次数分布がベキ分布に従うネットワークは(スケールによらないフラクタル的な入れ子構造を持つので)**スケールフリー**と言われ、平均頂点間距離が小さく、クラスター係数が大きなものは**スモールワールド**と呼ばれたりします。

　最近では、災害時のように時間の経過とともに状況が変化するようすを取り入れ、さらに空間構造も考慮した複雑ネットワークの研究も盛んです。くわしく知りたい方は、Si新書『マンガでわかる複雑ネットワーク』(右田正夫、今野紀雄/著)をご覧ください。

chapter 9

曲面の幾何
3種類の曲率

図形の曲がり具合を表す「曲率」について概説し、曲面には3種類の曲率があることを説明します。また、曲率とオイラー標数を関連付ける「ガウス・ボンネの公式」を紹介します。これはトポロジーと微分幾何学の接点となる公式です。

9-1 曲がり具合が同じな「等質多様体」

　曲がった図形も平面的な図形も、同相であればトポロジーの立場では区別しませんでした。しかしここからは、図形の曲がり具合を考慮して、図形をより精密に区別することにします。そのような視点で、**第9章**では2次元閉多様体（**閉曲面**）を、次の**第10章**では3次元閉多様体を分類します。

　定義から、閉曲面は、そこに住む住人にとって無限に広がらない、行き止まりのない曲面でした（**5-4** 参照）。無限に広がらない図形を、数学では**コンパクト**な図形といいます。日常的にも「コンパクトにまとまっている」などという言い方をしますが、数学でも大体そのような意味で用います。

　無限に広がらない曲面の例として、メビウスの帯がありますが、メビウスの帯は行き止まりがある曲面なので、閉曲面ではありません（**図9-1-1**）。閉曲面の例としては、2次元球面、トーラス、n人乗りの浮き輪などがあります（**図9-1-2**）。

　ところで、トーラスの外側と内側は曲がり具合が異なります（**9-2** 参照）。外側は虫めがねの表面のような凸形をしていますが、内側は鞍のような形をしています。鞍とは、人や荷物を載せるために牛や馬などの背中に置く道具のことです。鞍は英語でsaddle（サドル）といいます。自転車のサドルの形でもあります。**図9-1-3**に示す点は**サドル・ポイント**（または鞍点）といわれます。

　トーラスのように、場所によって曲がり具合が違うものを**非等質**な多様体と呼びます。一方、球面や平面はどんな点でも同じ曲がり具合をしています。このような多様体を**等質**多様体と呼びます。**第9章**と**第10章**ではおもに等質多様体を扱います。

chapter 9　曲面の幾何

図 9-1-1

- 無限に広がらない図形
  （コンパクトな図形）
- 行き止まり＝境界
  （赤線の部分）のある図形

- 無限に広がる図形
- 行き止まりのない図形

メビウスの帯

開円板

図 9-1-2

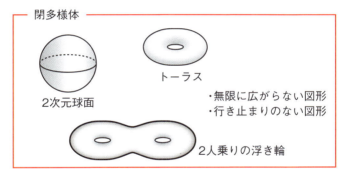

閉多様体

2次元球面　　トーラス

- 無限に広がらない図形
- 行き止まりのない図形

2人乗りの浮き輪

図 9-1-3

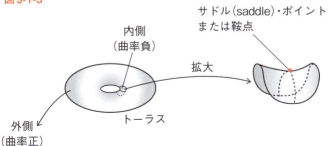

サドル（saddle）・ポイント
または鞍点

内側
（曲率負）

拡大

外側
（曲率正）

トーラス

9-2 「曲率」は「曲線」の曲がり具合

　曲線の「曲がり具合」を表すものに**曲率**という数値があります。曲率の厳密な定義を述べるためには微分積分学の知識が必要なので、ここでは、厳密さにはこだわらず、図で説明します。

　図9-2は、点Pの微小な（ものすごく小さな）周辺を示したものです。点Pの周りを虫メガネあるいは顕微鏡で拡大した図と思ってください。

　曲線上の点Pにおける**曲率**とは、点Pから微小な長さΔSだけ進んだとき、その長さに対する曲がった角度$\Delta \theta$の割合$\frac{\Delta \theta}{\Delta S}$です。つまり、曲がり具合が大きいと、この値も大きくなります。なお、角度$\Delta \theta$を測るとき、反時計回りを正、時計回りを負にする定義もありますが、そのことについては踏み込みません。

　このとき、曲率の逆数$\frac{\Delta S}{\Delta \theta}$を、点Pにおける**曲率半径**といいます（図ではR）。曲率半径は、点Pの周りを円の一部（**弧**という）とみなしたときの、その円の半径になっています。

　たとえば、半径1の円周の曲率を計算しましょう。円周上のどの点でも曲がる割合は同じなので、円周上の点をとり、そこから半周進んでみましょう。このとき、長さがπ進み、中心角はπなので、曲率は$\frac{\pi}{\pi} = 1$になります。

　同様に、半径rの円周の曲率は、どの点でも同じ$\frac{1}{r}$です。イメージどおり、半径が小さいほど曲率の値が大きい、すなわち、曲がり具合が大きくなります。

　円周は、どの点でも曲率が一定なので、等質1次元多様体です。これに対して、楕円は曲率が一定ではないので、非等質1次元多様体となります。

図 9-2

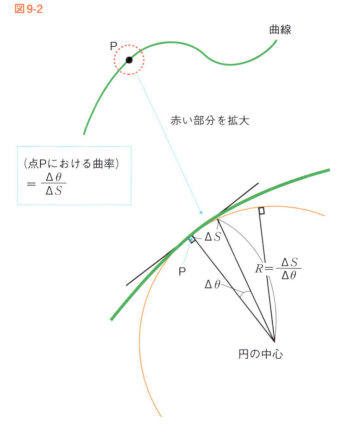

9-3 「ガウス曲率」は「曲面」の曲がり具合

2次元多様体（曲面）をイメージできても、実際に紙でつくるのは難しい場合が多いですね。たとえば、地球儀の表面は球面ですが、紙を「張りぼて」のように貼り合わせても、思うように丸くなりません。「しわ」をつけて滑らかな凸型にしないと、丸い地球儀はつくれません。逆に、球面を切り開いて平面上に平らに広げようとすると、破れてしまいます。これは、平面と球面の曲がり具合が違うからです。

曲面の曲がり具合を表すものに**ガウス曲率**があります。曲面上の点Pのガウス曲率とは、Pに接する平面（**接平面**）に垂直な平面（図9-3-1、図9-3-2）で切ったときの曲線の曲率の中で、最大値K_1と最小値K_2との積（$K_1 \times K_2$）の値のことです。ガウス曲率にも符号がつきますが、接円の中心が曲面に対してどちら側にあるかで適当に決めてかまいません。

半径rの球面においては、どの点でも$K_1 = K_2 = \pm \dfrac{1}{r}$となるので、ガウス曲率は$\dfrac{1}{r^2}$となります（図9-3-2）。2次元多様体が**等質**であるとは、どの点でもガウス曲率が同じ値であるということです。

曲面が正のガウス曲率を持っていると、平面上に平らに広げようとすると破れてしまいます。負のガウス曲率を持つ曲面は、平面上に広げるとしわがよってしまいます。

中学数学以来おなじみの、図形の性質を扱う幾何学は、曲率0の平面における幾何学です。これを**ユークリッド幾何**と呼びます。曲率が0でない曲面上では、三角形や平行線といった基本的な図形が、今まで抱いていた常識と違う性質を持ちます。正の曲率を持つ幾何を**楕円幾何**、負の曲率を持つ幾何を**双曲幾何**といいます。

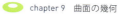

図 9-3-1

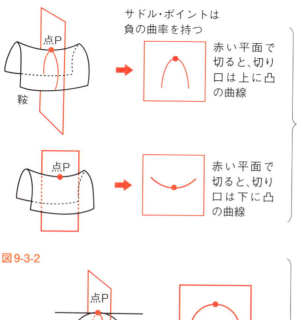

9-4　円柱や円錐はガウス曲率が0 !?

　ユークリッド幾何の性質については、皆さんよくご存じだと思いますが、この項では「曲率」の立場から、ユークリッド幾何を見直してみましょう。以下、ガウス曲率を単に曲率といいます。

　曲率0の曲面とはどんなものでしょうか？　無限に広がる平面を思い起こす人もいるかもしれません。しかし、**一見、曲がった曲面でも、曲率が0となる図形があります**。

　たとえば、円柱あるいは円錐は曲率0の曲面です。円柱や円錐の曲率が0であることは、難しい曲率の計算をしなくても、円柱あるいは円錐上の2点間の(最短)距離が、それを切り開いて平面にしたときのその2点間の距離と等しいことを確かめればわかります。

　このことは、ドイツの数学者カール・フリードリヒ・ガウス(1777～1855年)により発見された次の定理、

　　　「2点間の距離が等しい曲面は同じ曲率を持つ」

によって保証されます。実際、図9-4のように、円柱あるいは円錐上に2点を定め、その2点を結ぶ糸を張ると、その円柱を切り開いて平面にしたときの、その2点間の線分と一致することがわかります。

　確かめる方法はほかにもあります。三角形の内角の和を求めることです。曲面上の三角形の内角の和が180°であるかどうかを確かめればよいのです。ここで、曲面上の三角形とは、2頂点間の最短距離を結ぶ線(**測地線**という)を辺とする三角形です。三角形の内角の和が180°であれば、その曲面の曲率は0です。これは、曲面上に閉じ込められた2次元人でも確かめられる方法です。

chapter 9 曲面の幾何

図 9-4

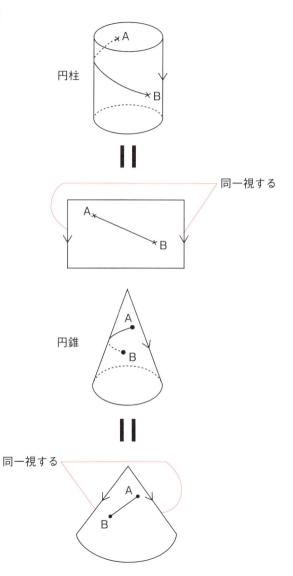

9-5　平坦トーラスは曲率0

9–1で、トーラスは非等質な多様体であると述べました。トーラスが非等質であるのは、3次元空間に押し込められているからであり、4次元以上の空間にトーラスを持っていくと、形を整えて、等質多様体にすることができます。しかも、そのときの曲率は0になります。

4次元以上の空間における曲率0のトーラスについて、この本ではこれ以上説明しませんが、これを実感できるものに、正方形の対辺同士を図9-5-1のように同一視してできる図形があります。このような図形を**平坦トーラス**と呼びましょう。もっとも、3次元空間ではこのように平坦に貼り付けることはできませんが、抽象的に辺が同一視されている空間だと思ってください。

平坦トーラスにいる2次元人には、周りがどのように見えるでしょうか？　真っすぐ見れば自分の後ろ姿が見えるし、左を向けば自分の右側が見える、という見え方になります。それは正方形のトーラスの展開図を無限個用意し、図9-5-1のように貼り合わせてできる多様体と思っていいでしょう。

平坦トーラスの曲率が0であることを**展開図**で示します。正方形の内部では平坦なので、正方形の頂点の周りが平坦であることを確かめます。4頂点は同一視しているので、どの点の周りを歩いてもかまいませんが、たとえば、a、b、c、dと歩くと、出発点に戻ります。長方形の内角はすべて90°なので、1周で360°になります。このことは正六角形で確かめても同様のことが成り立ちます（図9-5-2）。したがって、各点で平面的ですから、平坦トーラスが曲率0の多様体であることがわかります。

chapter 9 曲面の幾何

図 9-5-1

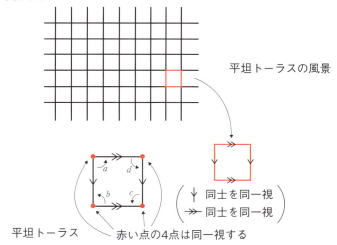

図 9-5-2

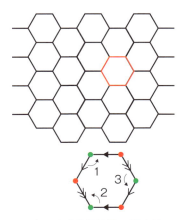

赤い点の3点は同一視する。
緑の点の3点も同一視する。
1→2→3と一周すると360°

9-6 「球面」と「射影平面」は楕円幾何を持つ

　この項では、**球面と射影平面が楕円幾何を持つこと**を、9-5と同様に、**展開図**を用いて示します。正方形の内部では平坦なので、頂点の周りを2次元人に歩いてもらい、曲がり具合を調べます。

　図9-6-1は球面の展開図です（5-6参照）。上横線の左端近くから出発して左縦線の上端を横切ると(a)、出発点に戻ります。cを歩いても同様のことがいえます。つまり、球面に閉じ込められた2次元人が、平らであると思い、点の周りを360°回ったつもりが、90°しか回っていなかったことになります。また、左縦線の下端近くから出発して下横線の左端を横切ると(b)、今度は右縦線の上端から出てきて、上横線の右端を通過すると(d)、出発点に戻ります。この場合は、2次元人が点の周りを360°回ったつもりが、180°しか回っていなかったということです。したがって、球面は楕円幾何を持つことがわかります。

　このことは、正六角形の展開図を用いても同じことが示せます（確かめましょう）。もっとも、球面が正の曲率を持つことは、球面を球面の外から見ることのできる我々3次元人にとっては、明らかなことです。

　次に、3次元人でも見ることができない射影平面を、2次元人に頂点の周りを歩いてもらうことで、その曲がり具合を調べます。図9-6-2は射影平面の展開図です（5-7参照）。上横線の左端近くから出発してa、cと歩くと出発点に戻ります。また、左縦線の下端近くから出発してb、dと歩いても出発点に戻ります。つまり、2次元人が平らであると思い、点の周りを360°回ったつもりが、180°しか回っていなかったことになります。

図 9-6-1

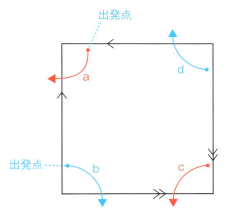

球面の展開図

図 9-6-2

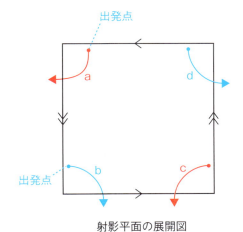

射影平面の展開図

9-7 「2人乗りの浮き輪」は双曲幾何を持つ

　負の曲率を持つ曲面にはサドル・ポイント（**9-1**参照）が存在します。たとえば、**ベルトラミー擬球**と呼ばれる曲面は、負の曲率を持つ等質多様体です。ラッパに似た形が無限に細長く続く曲面で、その曲面上のすべての点がサドル・ポイントになっています（図9-7-1）。

　ほかにも、負の曲率を持つ曲面として、**n人乗りの浮き輪**があります（$n \geqq 2$）。n人乗りの浮き輪も形を整えて、等質多様体にすることができ、そのときの曲率は負になります。

　曲面上の点における曲率をすべて集めて、平均をとった値を**全曲率**といいます。ふつうのトーラスも非等質ですが、平均をとると全曲率は0になり、2人乗り以上の浮き輪は負の値になります。

　2人乗りの浮き輪が双曲幾何を持つことを展開図で確かめます。展開図は、図9-7-2のように、2人乗りの浮き輪を曲線に沿って切り開くことにより得られ、八角形になります（展開図が八角形という時点で、この図形は曲率0にはなりません。平面に正八角形を曲げないで、隙間なく敷き詰めるのは不可能だからです）。

　簡単のため、展開図として正八角形を用いると、正八角形の8つの頂点はすべて1点に同一視されます。この点の周りを歩いて1周すると、元の位置に戻るまでに、図9-7-3のように歩かなければなりません。したがって、頂点の周りに8個の正八角形が貼り合わされなければなりません。平面に広げると結果として、頂点の周りの角度は135°×8 = 1080°となります。

　この値は360°より大きいので、2人乗りの浮き輪は双曲幾何を持つことがわかります。

chapter 9　曲面の幾何

図 9-7-1

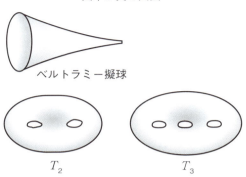

図 9-7-2

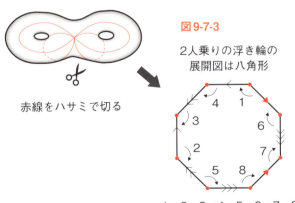

9-8 「球面三角形」は内角の和が180°より大きい

正4面体をふくらませて球面をつくったとき、3次元の我々から見ると、三角形の辺は曲がって見えますが、球面に閉じ込められた2次元人には真っすぐに見えます。球面上の三角形の辺は、2頂点間の最短距離を結ぶ線（測地線、9-4参照）ですが、それは球面上の大円の弧になります。そのような3つの辺（測地線）で囲まれた球面上の三角形を**球面三角形**といいます。ここでは、球面三角形の内角の和が180°より大きいことを示します（図9-8-1）。

まず、半径rの球面上の大円が囲む黄色の部分（角αを持つ2枚の葉っぱのような部分）の面積は、球面の面積が$4\pi r^2$なので、$4\alpha r^2$であることに注意しましょう（図9-8-2）。

球面三角形の各辺は大円の弧なので、角αを持つ2枚の葉っぱのような部分と、角βを持つ2枚の葉っぱのような部分と、角γを持つ2枚の葉っぱのような部分の面積を足すと$4r^2(\alpha+\beta+\gamma)$となります。これは球面の面積と、3重になった2つの球面三角形の面積を足し合わせた値となっています（図9-8-3）。すなわち、

$$4r^2(\alpha+\beta+\gamma) = （球面の面積） + 4（球面三角形の面積）$$

が成立します。球面の面積は$4\pi r^2$なので、次のことがわかります。

$$（球面三角形の内角の和） = \pi + \frac{（球面三角形の面積）}{r^2} > \pi$$

したがって、三角形の内角の和は180°より大きいことがわかります。このことは、楕円幾何を持つ等質2次元多様体共通の性質です。

chapter 9　曲面の幾何

図 9-8-1

球面三角形

内角の和は270°

図 9-8-2

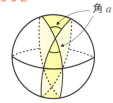

角 α

黄色の面積は $4\alpha r^2$ となる

図 9-8-3

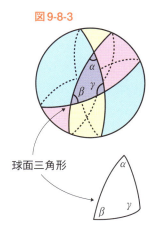

球面三角形

9-9 ガウス・ボンネの公式①
―楕円幾何

　閉曲面を多面体分割(セル分割)したとき、頂点の数v、辺の数e、面の数fからできる値$v-e+f$をオイラー標数といいました(**3-5**参照)。オイラー標数は曲面の分割の仕方によらず定まる位相不変量であり、特に、球面のオイラー標数は**2**でした。

　この項では、等質閉曲面のオイラー標数とガウス曲率を関連づける**ガウス・ボンネの公式**と呼ばれる等式が、単位球面S^2で成り立つことを示します。閉曲面Mに対して$x(M)$、C、SをそれぞれMのオイラー標数、ガウス曲率、面積とします。このとき、次の等式をガウス・ボンネの公式といいます。

$$C \cdot S = 2\pi \cdot x(M)$$

　さて、球面S^2を球面多角形分割しましょう。頂点の数をv、辺の数をe、面の数をfとし、各面を球面m_i角形、その内角を$\alpha(i,1)$, $\alpha(i,2)$, $\cdots$, $\alpha(i,m_i)$とします($i = 1, 2, \cdots, f$) (**図9-9-1**)。**9-8**を応用すると、球面m_i角形の面積は次のようになります(**図9-9-2**)。

(球面m_i角形の面積) $= \alpha(i,1) + \alpha(i,2) + \cdots + \alpha(i,m_i) - \pi(m_i - 2)$

　各面について得られたf個の等式の、左辺同士、右辺同士をすべて足すと

$$\sum_{i=1}^{f} (\alpha(i,1) + \alpha(i,2) + \cdots + \alpha(i,m_i)) = 2\pi v, \quad m_1 + m_2 + \cdots + m_f = 2e$$

が成り立つので、次の等式が得られます。

$$S = 2\pi(v - e + f) = 2\pi \cdot \textbf{(球面のオイラー標数)}$$

chapter 9 曲面の幾何

球面S^2のガウス曲率は1なので、これより、ガウス・ボンネの公式$1 \cdot S = 2\pi \cdot x(S^2)$が成り立つことがわかります。

図 9-9-1

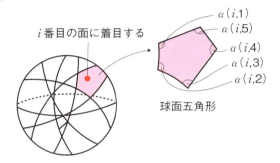

i番目の面に着目する

球面五角形

図 9-9-2

球面を球面多面体分割する

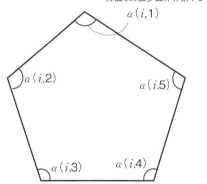

球面五角形の面積 $= \alpha(i,1) + \alpha(i,2) + \cdots + \alpha(i,5) - \pi(5-2)$

※9-8も参照

五角形なので5

9-10 ガウス・ボンネの公式② —— ユークリッド幾何

　この項では、**曲率0の平面のオイラー標数を、その曲率と面積を用いて求めます**。平面を多角形分割し、前の項と同様に、頂点の数をv、辺の数をe、面の数をfとし、各面をm_i角形、その内角を$\alpha(i,1), \alpha(i,2), \cdots, \alpha(i,m_i)$とします($i = 1, 2, \cdots, f$)。ここではユークリッド幾何が成り立つので、三角形の内角の和は180°$= \pi$[ラジアン]です。180°は弧度法を用いるとπ[ラジアン]になります。よって、m_i角形の内角の和は$(m_i - 2)\pi$となり、次の等式が成り立ちます。

(m_i角形の内角の和)
$= \alpha(i,1) + \alpha(i,2) + \cdots + \alpha(i,m_i) = (m_i - 2)\pi$

　各面(m_i角形)に対して得られる上記の等式において、すべての$i = 1, 2, \cdots, f$について左辺同士、右辺同士を足すと、次の式が得られます。

(平面の多角形分割における内角の和)
$= 2\pi v = (m_1 + m_2 + \cdots + m_f)\pi - 2f\pi$

　このことと、$m_1 + m_2 + \cdots + m_f = 2e$より、$2\pi v = 2e\pi - 2f\pi$となり、結局、平面については等式$v - e + f = 0$が導かれます。この場合もガウス・ボンネの公式が次のように成立することがわかります。

$$0 \cdot S = 2\pi \cdot 0$$

chapter 9 曲面の幾何

図9-10

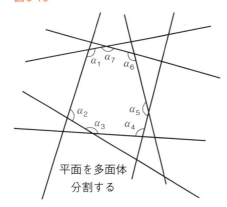

平面を多面体分割する

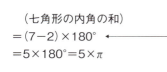

（七角形の内角の和）
$= (7-2) \times 180°$
$= 5 \times 180° = 5 \times \pi$

180°は弧度法を用いるとπ[ラジアン]になる

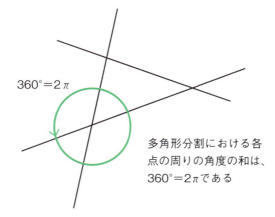

$360° = 2\pi$

多角形分割における各点の周りの角度の和は、$360° = 2\pi$ である

9-11 ガウス・ボンネの公式③
―双曲幾何

　この項では、**曲率-1の曲面のオイラー標数を、その曲率と面積を用いて求めてみましょう。**

　曲率-1の閉曲面を多角形分割し、前の項と同様に、頂点の数をv、辺の数をe、面の数をfとし、各面をm_i角形、その内角を$\alpha(i,1), \alpha(i,2), \cdots, \alpha(i,m_i)$とします（$i = 1, 2, \cdots, f$）。

　くわしくは述べませんが、曲率-1の曲面上の双曲三角形の面積は$\pi -$（**双曲三角形の内角の和**）です。したがって、次の式が成り立ちます。

　（双曲m_i角形の面積） $= \pi(m_i - 2) - \alpha(i,1) - \alpha(i,2) - \cdots - \alpha(i,m_i)$

　前の項と同様に、各面（m_i角形）に対して得られる上記の等式を、$i = 1, 2, \cdots, f$について左辺同士、右辺同士を足すと、

$$\sum_{i=1}^{f}(\alpha(i,1) + \alpha(i,2) + \cdots + \alpha(i,m_i)) = 2\pi v、m_1 + m_2 + \cdots + m_f = 2e$$

が成り立つので、次の等式が得られます。

$$S = 2\pi e - 2\pi f - 2\pi v = -2\pi(v - e + f)$$

　したがって、この場合も、ガウス・ボンネの公式が次のように成り立つことがわかります。

　$(-1) \cdot S = 2\pi \cdot$ **（オイラー標数）**

chapter 9　曲面の幾何

図 9-11

双曲m_i角形の面積 $= \pi - \bigl(\alpha(i,1) + \alpha(i,2) + \alpha(i,3)\bigr)$
($m_i = 3$)

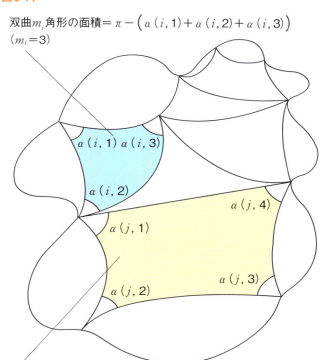

双曲m_j角形の面積 $= 2\pi - \bigl(\alpha(j,1) + \alpha(j,2) + \alpha(j,3) + \alpha(j,4)\bigr)$
($m_j = 4$)

9-12 閉曲面の曲率とオイラー標数との関係

ガウス・ボンネの公式を用いると、閉曲面のガウス曲率の符号は、オイラー標数の符号に一致することがわかります。

向き付け可能な閉曲面は、球面、トーラス、2人乗りの浮き輪、…、n人乗りの浮き輪があり（$n = 0$, 1, …）、それらのオイラー標数は$2 - 2n$でした（3-8参照）。ただし、0人乗りの浮き輪は球面であると考えます（図9-12-1）。

したがって、n人乗りの浮き輪は、$2 - 2n > 0$すなわち$n = 0$のとき、楕円幾何構造を持ち、$n = 1$のとき、ユークリッド幾何構造を、$n \geq 2$のとき、双曲幾何構造を持つことがわかります。

また、**向き付け不可能な閉曲面**は、メビウスの帯が何個含まれるかによって分類され（図9-12-2）、n個含まれる曲面M_nのオイラー標数は$2 - n$でした（ただし、$n = 0$, 1, …。5-11参照）。

よって、曲面M_nは、$2 - n > 0$すなわち$n = 1$のとき（M_0は球面なので$n \neq 0$）、楕円幾何構造を持ち、$n = 2$のとき、ユークリッド幾何構造を、$n \geq 3$のとき、双曲幾何構造を持つことがわかります。ただし、曲面は一定の曲率を持ち、等質であるとします。

図9-12-1の球面以外は等質ではありませんが、非等質な図形に対しても、このような公式が成立します。それは、積分記号を用いた公式なので、ここではあまり立ち入りませんが、ざっくり説明しておきます。図9-12-1のような非等質なトーラスであっても、もっといびつなトーラスであっても、全体として見れば、曲面上でガウス曲率を連続に足していけば一定だということです。トーラスは、正の曲率と負の曲率が打ち消し合って、全体として0になると考えられます。

chapter 9 曲面の幾何

図 9-12-1

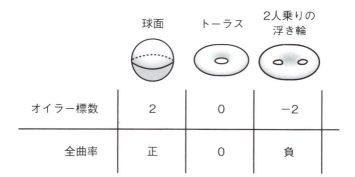

	球面	トーラス	2人乗りの浮き輪
オイラー標数	2	0	−2
全曲率	正	0	負

図 9-12-2

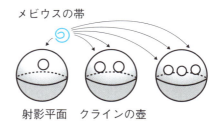

メビウスの帯

射影平面　クラインの壺

曲面	M_1	M_2	M_3
オイラー標数	2	0	−2
全曲率	正	0	負

Column 9

グラフの「複雑度」とは？

Column8で**複雑ネットワーク**を説明しましたが、実はグラフ理論では、グラフの**複雑度**の定義がちゃんとあるので簡単に紹介しましょう。グラフのすべての頂点によってつくられる、同等でない「木」（閉路のない連結なグラフ）の個数を複雑度と呼びます。「同等である」とは、グラフの頂点の集合と辺の集合が一致しているときをいいます（図1参照）。総頂点数がnの完全グラフ（すべての頂点どうしが辺で結ばれているグラフ）はK_nと表しますが、K_3の場合の複雑度は図2のように「3」となります。なお、K_4の複雑度は図3のように「16」となります。

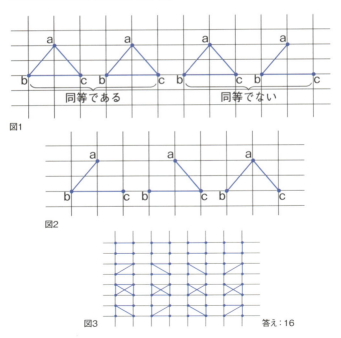

図1

図2

図3

答え：16

chapter 10

宇宙ってどんな形？
可能性があるのはどんな形だろうか？

宇宙はどんな形をしているのでしょうか？ 宇宙は3次元多様体と考えられます。この章では、可能性として挙げられる宇宙の形を紹介します。「ポワンカレ予想」を解く鍵となった幾何化予想も概説します。

10-1 宇宙の形は「3次元多様体」?

宇宙飛行士の船外活動を見る限り、彼らの周りには3次元空間が広がっています。

ブラックホールやホワイトホールのような特異な場所は別として、宇宙は局所的には$\mathbb{R}^3$と同相な3次元空間と考えられます。そのような空間を**3次元多様体**と呼ぶのでした。

宇宙の全体像は現在のところわかっていません。2次元人が曲面の形を認識しにくいように、我々3次元人も3次元空間の形をイメージしにくいのです。

しかし、3次元の世界に存在する図形を用いて宇宙を表現すれば、我々にもその形を認識できるかもしれません。たとえば、筒は2次元の世界には存在しないので、2次元人はその形をイメー

図10-1

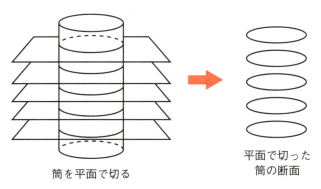

筒を平面で切る   平面で切った筒の断面

chapter 10 宇宙ってどんな形?

ジしにくいのですが、平面で切った断面の形(円)をつなぎ合わせることで、「円環面のようなものだ」と理解できます(図10-1)。同様なことを、3次元図形に対してイメージすることを考えるのです。

幸い、ポワンカレ予想が解けたことで、**宇宙の形の解明が1歩前進**しました。宇宙が行き止まりのない、無限に広がらない、3次元の世界だとすれば、宇宙はいくつかの等質多様体で「構成」できることがわかったのです。この「構成」という言葉の意味については 10-10 で少しだけ解説します。それは、**宇宙を構成するそのような多様体が持つ等質な幾何構造には、大ざっぱに分けると8種類ある**、ということです。

宇宙は局所的に見ると $\mathbb{R}^3$ ですが、全体として $\mathbb{R}^3$ とは限りません。この章では、等質な幾何構造を持つ具体的な図形をいくつか紹介します。この中に、宇宙の形と同じものがあるかもしれません。

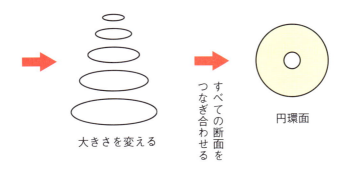

大きさを変える　すべての断面をつなぎ合わせる　円環面

10-2 1次元球面と2次元球面

1次元球面は$\mathbb{R}^2$上の原点を中心とする半径1の円S^1に同相な図形、2次元球面は$\mathbb{R}^3$上の原点を中心とする半径1の球面S^2に同相な図形です。この項では、1次元人、2次元人に、それぞれ、1次元球面、2次元球面の形をわかってもらえる説明の仕方の1つを述べたいと思います。

1次元人に1次元球面を理解してもらうためには、1次元の世界に存在する図形(点、線)を用いて説明しなければなりません。そこで、1次元球面を切断し、その断面の形を伝えます。

<u>図10-2-1</u>のように、単位円S^1を第2座標yで切断しましょう。$y=-1$で切断すると、その断面は1点です。$-1<y<1$で切断すると2点になり、$y=1$のところで切断すると再び1点になります。

図10-2-1

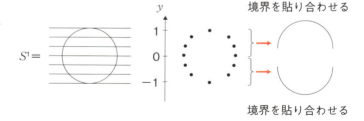

chapter 10　宇宙ってどんな形？

　よって、1次元球面は、ある場所で1点が現れ、すぐ2点となり、**2点がしばらく続いて、またある場所で再び1点になり、消えていくような図形**であると説明できます。

　1次元人は断面に現れる図形を、$y=-1\sim0$と$y=0\sim1$をそれぞれつなぎ合わせることで、それぞれ線分であると認識し、**1次元球面は2つの線分をその境界で貼り合わせたもの**と理解できるでしょう。

　同様に、球面S^2を切断してその断面の形を見ると、1点（第3座標$z=-1$）から始まり、1点が円周になって、円周の半径が段々大きくなり（$-1<z<0$）、$z=0$で最大の1になった後、今度は段々小さくなり（$0<z<1$）、1点（$z=1$）となって消えていきます。

　$z=-1\sim0$で円板ができ、$z=0\sim1$でも円板ができるので、**2次元人は2次元球面を、2つの円板をその境界で貼り合わせたもの**と理解できます（図10-2-2）。

図10-2-2

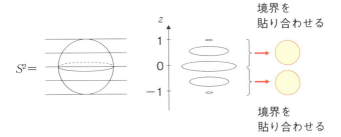

10-3 3次元球面
──楕円幾何

10-2の考え方を単純に拡張すると、**3次元球面は、2個の3次元球体をその境界で貼り合わせたもの**、と考えられます。この項ではこのことをもう少しくわしく見ましょう。

10-2と同じ要領で、3次元単位球面S^3を切断し、その断面の形を見ていきます(図10-3)。3次元単位球面S^3は、$\mathbb{R}^4$の中の図形で、原点からの距離が1の点集合全体です。そして、3次元球面は、S^3に同相な図形です。3次元球面S^3の定義から、第4座標が$w=-1$のとき、$x=y=z=0$でなくてはなりません。したがって$w=-1$の断面(xyzの3次元空間)には、原点に1点あるのみです。第4座標のwの値が$-1<w<0$のとき、たとえば、$-\frac{1}{2}$のときの断面には、xyz空間の原点を中心とする、半径が$\frac{\sqrt{3}}{2}$の球面が存在します。$-1<w<0$で、値がさらに増加するとき、たとえば、$-\frac{1}{4}$のときの断面には、半径が$\frac{\sqrt{15}}{4}$($\frac{\sqrt{3}}{2}$より大きい値)の球面が存在します。

このように、wの値が-1から0に近づくにつれ、連続的に球面の半径が大きくなります。そして、$0<w<1$のとき、今度は逆戻りで、wの値が大きくなると、その球面の半径は段々小さくなります。$w=1$の断面には再び、原点に1点のみ現れます。

第4座標$w=-1$から$w=0$のとき、我々が見る断面図形をつなぎ合わせると、xyz空間の原点を中心とする半径が1の球体B^3になり、同様に、$w=0$から$w=1$までをつなぎ合わせても3次元単位球体B^3になることがわかります。したがって、3次元球面は、2個の3次元単位球体B^3の同じ点同士を同一視する(貼り合わせる)ことで得られることがわかります。

chapter 10 宇宙ってどんな形?

図10-3

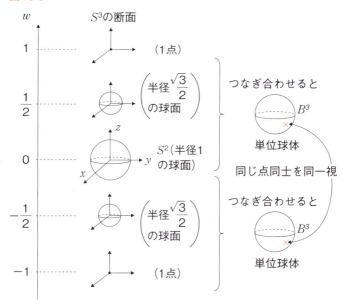

2つの単位球体の同じ点同士を同一視するとS^3

10-4 3トーラス
—ユークリッド幾何

第9章では、正方形の境界を貼り合わせることで閉じた曲面を構成しました。この項と次の項では、立方体を用いて3次元多様体を構成し、その内部風景や性質について述べます。

最も簡単な貼り合わせとして、図10-4-1のように立方体の6つの側面を対面同士それぞれ貼り合わせたものを考えてみましょう。このような多様体を**3トーラス**(スリー)と呼ぶことにします。平坦トーラス(9-5参照)の3次元版といったところでしょうか。

立方体の部屋の中に、あなたがいるとします。天井を見上げると、上の部屋、その上の部屋、そのまた上の部屋、…で、天井を見上げるあなたが無限に見えます。どの方向を向いても、同じ方向を向く自分が無限に見えます。左側の壁を通り抜けると、右側の壁から現れます。どの面から壁を通り抜けても、同じ部屋に戻ってきますが、戻ってきたときの姿は、通り抜ける前と同じです。鏡像にはなっていません。その意味で、この多様体は**向き付け可能な多様体**となります。

3トーラスはユークリッド幾何を持ちます。立方体の8個の頂点をすべて同一視しているので、そのままでユークリッド空間を埋め尽くすことができるからです(図10-4-2)。

貼り合わせを変えると、別の3次元多様体を構成することができます。立方体の前後、左右は3トーラスと同じように貼り合わせて、上面を $\frac{1}{4}$ 回転、あるいは半回転して底面と貼り合わせてみます(図10-4-3)。3トーラスを含むこれら3つの多様体は、**いずれもユークリッド幾何を持つ向き付け可能な3次元多様体ですが、どれも互いに同相ではありません。**

chapter 10　宇宙ってどんな形?

図10-4-1

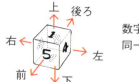

数字が重なるように同一視する

図10-4-2

3トーラスの多様体

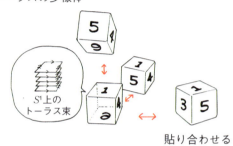

貼り合わせる

図10-4-3

3トーラスとは別の多様体

上面を $\frac{1}{4}$ 回転して底面と貼り合わせる

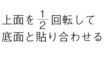

上面を $\frac{1}{2}$ 回転して底面と貼り合わせる

どれもユークリッド幾何を持つ3次元多様体

10-5 $K^2 \times S^1$
── ユークリッド幾何

　前の項に引き続き、立方体を用いて3次元多様体を構成します。今度は、立方体の上面と下面、左の面と右の面は3トーラスと同じように貼り合わせて、前面と後面は左右を逆にして貼り合わせてみましょう（図10-5-1）。この多様体はS^1上のクラインの壺K^2の**束**と考えられます。この多様体を$K^2 \times S^1$と呼ぶことにします。

　前項と同様に、立方体の部屋の中にあなたがいるとします。天井、床、左右を見ると、同じ方向を向いた自分が無限に見えますが、前（後ろ）の部屋では鏡に映ったような自分が、もう1つ前（後ろ）の部屋では、同じ方向を向いた自分が1部屋おきに互い違いに無限に見えます。「合わせ鏡」で見るような風景です。

　左側の壁を通り抜けると同時に右側の壁から現れ、天井の壁を通り抜けると同時に床から現れます。そのとき、あなたの姿は壁を通り抜ける前と同じ姿です。しかし、前面の壁を通り抜けて後面の壁から現れたとき、あなたの姿は鏡像になっています。したがって、この多様体は**向き付け不可能な多様体**です。

　$K^2 \times S^1$も、10-4と同様にユークリッド幾何を持ちます。立方体の8個の頂点をすべて同一視しているので、そのままでユークリッド空間を埋め尽くすことができるからです（図10-5-2）。

　上記とは別の貼り合わせを考えてみましょう。たとえば、立方体の左の面と右の面は3トーラスと同じように貼り合わせて、上面と下面及び前面と後面は左右を逆にして貼り合わせてみます。**この多様体もユークリッド幾何を持つ向き付け不可能な3次元多様体**となります。このように、少なくとも1ペアの面を逆にして貼り合わせると、向き付け不可能な多様体になります。

chapter 10　宇宙ってどんな形?

図10-5-1

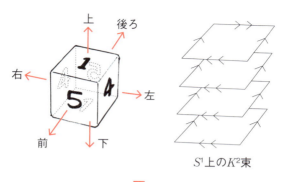

S^1上のK^2束

図10-5-2

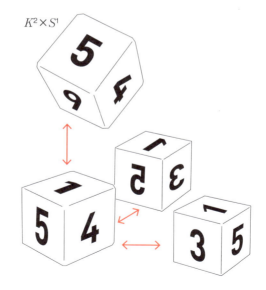

$K^2 \times S^1$

10-6 レンズ空間
―楕円幾何

　この項では、3次元単位球体B^3を用いて、**レンズ空間**と呼ばれる3次元多様体を構成します。

　pとqを互いに素な正の整数とします。単位球体B^3の表面を経線方向に(等分に)p分割、赤道で2分割し、$2p$個の領域に分けます。点Pを球体の表面の任意の点とし、Pから緯線方向に$\frac{q}{p}(2\pi)$ラジアン進んで、そこから、赤道に関して対称な点をQとします。このとき、単位球体B^3において、このような点Pと点Qをすべて同一視してできる図形と、これに同相な図形を**レンズ空間**$L(p, q)$といいます(図10-6-1)。なお、北極点(0,0,1)と南極点(0,0,-1)は同一視します。

　「レンズ空間」と呼ばれる理由は、球体を$2pq$個のケーキのような形に分割し、図10-6-2のように貼り合わせたとき、レンズのような形になるからです。

　ちなみに、$p = 1$のときの$L(1, q)$は、3次元球面と同相です。また、$p = 2$、$q = 1$のときの$L(2, 1)$は、**射影空間**とも呼ばれます。射影空間は3次元球体の境界の**対心点**(球体の中心に関して点対称な点)同士を同一視することにより得られます。

　簡単のため、射影空間の内部風景を見てみましょう。球体の内部にいるあなたが壁面を通り抜けると、その対心点の位置から、出たときの向いた方向から180°回転した方向を向いて、再び球体の内部に入ります。このとき、あなたは鏡像の姿ではありません。したがって、射影空間は向き付け可能な多様体ということになります。

　この空間は2個の球をふくらませないと3次元空間を埋め尽くせないので、楕円幾何を持ちます。

chapter 10　宇宙ってどんな形?

図10-6-1　　　　　　　　図10-6-2

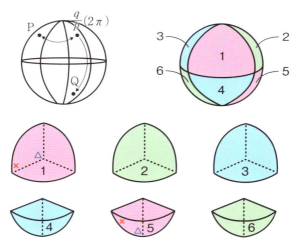

1と5を△と×同士がくっつくように背中合わせで貼り合わせる。
2と6、3と4も同様

1と5を同一視

このレンズの形から、さらに表面を
同一視すれば$L(3, 1)$ができる

179

10-7 ポワンカレ12面体空間
— 楕円幾何

　この項では、**ポワンカレ12面体空間**と呼ばれる図形を紹介します。この図形は、正12面体の各面を時計回りに$\frac{1}{10}$回転させて、対面と同一視することで得られます。この同一視で、正12面体の20個の頂点のうち4頂点ずつ、30辺のうち3辺ずつが同一視されます（**図10-7**）。

　この多様体の内部風景を見てみましょう。多面体の内部にいるあなたが多面体の面を通り抜けると、その対面の中心に関して$\frac{1}{10}$回転した位置から、出たときの向いた方向から36°回転した方向を向いて、再び多面体の内部に入ります。このとき、あなたは鏡像の姿ではありません。したがって、この多様体は向き付け可能な多様体です。

　そもそも、正12面体からつくられる多様体はユークリッド幾何を持ちません。なぜなら、正12面体の各辺の周りの隣り合う2面の角度（**面角**）は約116.6°なので、正12面体では3次元ユークリッド空間を隙間なく埋め尽くすことができないからです。

　この多様体の各辺は3辺ずつが同一視されているので、面角の合計は約349.8°となり、面角を120°まで正12面体をふくらませないと、3次元ユークリッド空間を埋め尽くすことはできないことがわかります。よって、ポワンカレ12面体空間は楕円幾何を持つことがわかります。

　くわしくは述べませんが、この多様体のホモロジー群は球面とまったく同じであるものの、基本群は自明ではないので、この多様体は球面と同相ではありません。ポワンカレの最初の主張「3次元ホモロジー球面は3次元球面と同相である」の反例となっています。

chapter 10　宇宙ってどんな形?

図 10-7

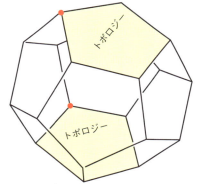

時計回りに $\frac{1}{10}$ 回転させて対面に貼り付ける
(トポロジーの文字が重なるように)

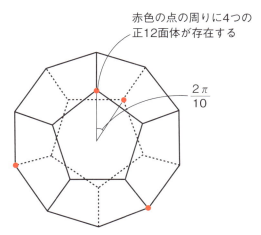

赤色の点の周りに4つの
正12面体が存在する

$\frac{2\pi}{10}$

赤色の点がすべて同一視される。ふくらませないと
3次元空間を埋め尽くせない

10-8 ザイフェルト・ウェーバー空間
―双曲幾何

この項では、正12面体を用いて、**ザイフェルト・ウェーバー空間**と呼ばれる3次元多様体を紹介します。この図形は、図10-8にあるように、各面を時計回りに $\frac{3}{10}$ 回転して対面と同一視することで構成されます。正12面体の20個の頂点は、この同一視により20個ともすべて同一視されます。また、30辺のうちの5辺ずつが同一視されます。

この多様体の内部風景を見てみましょう。多面体の内部にいるあなたが多面体の面を通り抜けると、その対面の中心に関して $\frac{3}{10}$ 回転した位置から、出たときの向いた方向から108°回転した方向を向いて、再び多面体の内部に入ります。このとき、あなたは鏡像の姿ではありません。したがって、この多様体は向き付け可能な多様体です。

ところで、この多面体の頂点を含む領域から、あなたが通り抜けたら、抜ける方向によっては、2カ所以上からあなたの体の一部がバラバラに現れる可能性があります。しかし、多面体の同一視を考慮すれば、体がバラバラになっているわけではないのでご安心ください。これは前項の多様体でもいえます。

この多様体は**双曲幾何**を持ちます。このことについて見ていきましょう。この多様体は、各頂点に20個の正12面体が集まっていますが、角辺は5辺ずつが同一視されているので、面角の合計は約583°となり、この形のままでは3次元ユークリッド空間に入りきらないのがわかります。面角を72°まで細くすれば、ユークリッド空間に収めることができます。したがって、ザイフェルト・ウェーバー空間は双曲幾何を持つことがわかります。

chapter 10　宇宙ってどんな形？

図10-8

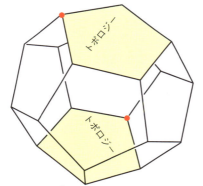

時計回りに $\frac{3}{10}$ 回転させて対面に貼り付ける
（トポロジーの文字が重なるように）

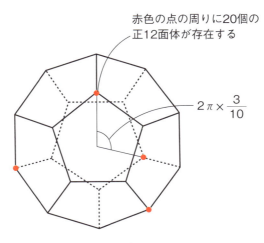

赤色の点の周りに20個の正12面体が存在する

$2\pi \times \frac{3}{10}$

すべての頂点が同一視される

10-9 積と束

束について、これまで本文では説明していませんが、10-4、10-5の図に出てきました。この項では、この束について解説します。まず、図10-9で円柱が閉区間上の円周の束であり、円周上の閉区間の束であることを理解しましょう。このことは積の構造を持つことを示しています。すなわち、(円柱)≈$S^1 \times [0, 1]$です。

一方、メビウスの帯は円周上の閉区間の束ではありますが、閉区間上の円周の束にはなりえません。このことから、メビウスの帯は、積っぽい構造を持ってはいますが、正真正銘の積の構造は持っていないことがわかります。

$S^2 \times \mathbb{R}$の幾何を持つ多様体は、一方向では曲面が楕円幾何を持ち、もう一方向では曲面がユークリッド幾何を持つ多様体です。$S^2 \times I$を局所幾何として、境界を同一視します。$S^2 \times I$は、玉ねぎの中心の部分がくりぬかれたような幾何構造です。

たとえば、$S^2 \times I$の内側の曲面S^2と外側の曲面S^2の同じ点同士を同一視すると、閉多様体$S^2 \times S^1$になります。また、内側の曲面S^2と外側の曲面S^2の対応点同士を同一視すると、向き付け不可能な閉多様体が得られます。これらは、局所的には$S^2 \times I$の幾何です。

同様に、$H^2 \times \mathbb{R}$の幾何構造を持つ多様体は、一方向では双曲幾何を持ち、もう一方ではユークリッド幾何を持ちます。$H^2 \times I$を局所幾何として、境界を同一視します。ただし、H^2は双曲平面です。2人乗りの浮き輪と思ってかまいません。

たとえば、$H^2 \times I$の内側の曲面と外側の曲面の同じ点を同一視すると、3次元閉多様体$H^2 \times S^1$が得られます。

chapter 10 宇宙ってどんな形？

図 10-9

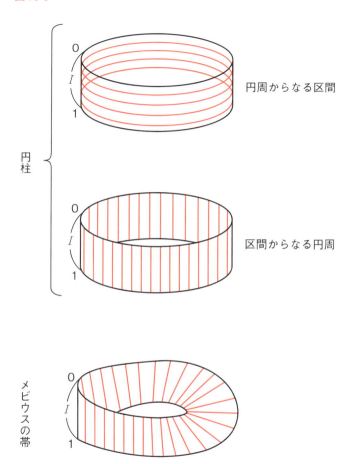

10-10 幾何化予想

1-5で述べたとおり、1904年に提唱されたポワンカレ予想は、2003年ごろ、ロシアの数学者ペレルマンによって、正しいことが証明されました。これによって、ほぼ100年間、未解決だった問題が解決されたわけですが、詳細はこの本のレベルを超えるので、解決の糸口となった**幾何化予想**について、命題の概要のみ述べます。

これは1982年にアメリカの数学者ウイリアム・サーストン(1946～2012年)が予想したもので、3次元多様体を曲率の視点で分類した次のような命題です。

「ほとんどの3次元多様体は双曲幾何構造を持ち、双曲幾何構造を持たないものは、それ以外の等質幾何(7種類のうちの1つ)を持つか、あるいは、切り開くことによって等質幾何構造を持つ多様体たちに分解される」

ここで「切り開く」とは、球面に沿って切り開くことと、トーラスに沿って切り開くことを意味します。言い換えると、3次元閉多様体は、境界が球面あるいはトーラスの形をした等質図形たちを、境界で貼り合わせることで構成されるのです。10-1で述べた「等質多様体で構成される」とは、そのような意味です。

ペレルマンはこの予想が正しいことを証明しました。そして、このような幾何構造を持つ多様体の中で、単連結なものは3次元球面だけであることから、ポワンカレ予想が証明されました。

最後になりましたが、「8種類の等質な幾何構造」を、右ページ

chapter 10 宇宙ってどんな形?

に記します。この本で具体例を取り上げたものは①、②、③、⑤、⑥です。

8種の等質幾何構造

> ① 楕円幾何（**10-3**、**10-6**、**10-7**）
>
> ② ユークリッド幾何（**10-4**、**10-5**）
>
> ③ 双曲幾何（**10-8**）
>
> ④ ねじれた$\mathbb{R}^2 \times \mathbb{R}$（nil幾何）
>
> ⑤ $S^2 \times \mathbb{R}$の幾何＝ねじれた$S^2 \times \mathbb{R}$の幾何（**10-9**）
>
> ⑥ $H^2 \times \mathbb{R}$の幾何（**10-9**）
>
> ⑦ ねじれた$H^2 \times \mathbb{R}$
>
> ⑧ solv幾何

《 参 考 文 献 》

野口 広/著『トポロジーって何だろう』(ダイヤモンド社、1986年)

川久保勝夫/著『トポロジーの発想』(講談社、1995年)

W.P.サーストン/著、S.レヴィ/編、小島定吉/監訳『3次元幾何学とトポロジー』(培風館、1999年)

G.K.フランシス/著、笠原晧司/監訳、宮崎興二/訳『トポロジーの絵本』(シュプリンガー・フェアラーク東京、2003年)

瀬山士郎/著『トポロジー:柔らかい幾何学』(日本評論社、2003年)

服部晶夫/著『多様体のトポロジー』(岩波書店、2003年)

根上生也/著『トポロジカル宇宙』(日本評論社、2007年)

松本幸夫/著『多様体の基礎』(東京大学出版会、2011年)

松本幸夫/著『4次元のトポロジー』(日本評論社、2016年)

William P. Thurston, *The geometry and topology of three-manifolds*, Princeton lecture notes (1978–1981).

William P. Thurston, *Three-dimensional manifolds, Kleinian groups and hyperbolic geometry*, Bulletin of the American Mathematical Society, New Series 6(1982), no. 3, 357–381.

William P. Thurston, *Three-dimensional geometry and topology.* Vol.1. Edited by Silvio Levy. Princeton Mathematical Series, 35. Princeton University Press, Princeton, NJ, 1997. x+311 pp. ISBN 0-691-08304-5

索引

数・英

0次元単体	42、43
1次元単体	42、43
2次元単体	42、43
2重点	90、104、106、107
2対1の対応	96
3彩色可能性	134、136
3次元単体	42、43
3重点	91、106、107
3トーラス	174〜176
8の字結び目	91、130、131
DNA	88
NP完全問題	28
real number	34

あ

位相幾何学	10、12、18
イソトピー変形	60、61、74、92、94、100
イソトピック	60
上への写像	52、53、56、58、59、124
埋め込み写像	96
オイラー回路	24、25、28
オイラー道	24、25
オイラーの多面体定理	46
横断的な交わり	90、102、104

か

可縮な図形	114
完全2部グラフ	26〜28
完全位相不変量	84
完全グラフ	26、28、166
幾何化予想	186
奇頂点	22〜25
逆元	120、121
逆写像	52、53、56、68、102
球面三角形	156、157
局所座標	68、69
曲率半径	144
偶頂点	24、26
クラスプ型特異点	104、105
結合法則	118
交叉帽	78
交差帽	78
恒等写像	52、53、56、57、60

さ

ザイフェルト曲面	98〜100
サドル・ポイント	142、147、154
三角形分割	42〜44、86
自明な解	136
自明な群	120
射影空間	178
射影図	90、91
十字帽	78、79、106、107、110
スケールフリー	140
スプリット	98、99
スモールワールド	140
正多面体グラフ	26、28、29
接平面	146、188
セル分割	44、48、86、158
全曲率	154、165
全単射	52、53
双曲幾何	146、154、162、164、182、184、186、187
測地線	148、156

索引

た

対心点	178、184
楕円幾何	146、152、156、158、164、172、178、180、184、187
単位元	120、121
単一閉曲線	62、90、96、98
直交座標系	68、69
定値写像	52、53、60、116、118
デーンツイスト	62、63
デーンの定理	62
同型写像	124
閉じた道	28、114、116
トポイソメラーゼ	88

な・は

中への写像	52、53、96
ヌルホモトピック	118〜120、126
ハミルトン回路	28、29
ハミルトン道	28
左手系	82、83
微分幾何学	10、18、141
ピンチ点	106、107
フィールズ賞	18
複雑度	166
複雑ネットワーク	140、166
不動点定理	64
平坦トーラス	150、151、174
ベルトラミー擬球	154、155
ホモトピー変形	60、61
ホモトピック	60、116、118
ホモロジー理論	22、30
ボロミアンの輪	32
ポワンカレ予想	18、120、167、169、186

ま

右手系	82、83
ミレニアム懸賞問題	18
結び目理論	30
メリディアン	122、123、126
面角	180、182

や・ら

ユークリッド幾何学	10、12、30
ライデマイスター変形	132〜135
リボン型特異点	104、105
略図	20
ルイス・キャロル	50
レンズ空間	178
路線図	20
ロンジチュード	122、123、126

サイエンス・アイ新書 発刊のことば

「科学の世紀」の羅針盤

　20世紀に生まれた広域ネットワークとコンピュータサイエンスによって、科学技術は目を見張るほど発展し、高度情報化社会が訪れました。いまや科学は私たちの暮らしに身近なものとなり、それなくしては成り立たないほど強い影響力を持っているといえるでしょう。

　『サイエンス・アイ新書』は、この「科学の世紀」と呼ぶにふさわしい21世紀の羅針盤を目指して創刊しました。情報通信と科学分野における革新的な発明や発見を誰にでも理解できるように、基本の原理や仕組みのところから図解を交えてわかりやすく解説します。科学技術に関心のある高校生や大学生、社会人にとって、サイエンス・アイ新書は科学的な視点で物事をとらえる機会になるだけでなく、論理的な思考法を学ぶ機会にもなることでしょう。もちろん、宇宙の歴史から生物の遺伝子の働きまで、複雑な自然科学の謎も単純な法則で明快に理解できるようになります。

　一般教養を高めることはもちろん、科学の世界へ飛び立つためのガイドとしてサイエンス・アイ新書シリーズを役立てていただければ、それに勝る喜びはありません。21世紀を賢く生きるための科学の力をサイエンス・アイ新書で培っていただけると信じています。

2006年10月

※サイエンス・アイ（Science i）は、21世紀の科学を支える情報（Information）、
知識（Intelligence）、革新（Innovation）を表現する「 i 」からネーミングされています。

サイエンス・アイ新書
SIS-400

http://sciencei.sbcr.jp/

ざっくりわかるトポロジー
内側も外側もない「クラインの壺」ってどんな壺？
「宇宙の形」は1本の「ひも」を使えばわかる？

2018年3月25日　初版第1刷発行

著　　　者	名倉真紀 今野紀雄
発 行 者	小川　淳
発 行 所	SBクリエイティブ株式会社 〒106-0032　東京都港区六本木2-4-5 電話：03-5549-1201（営業部）
装丁・組版	クニメディア株式会社
印刷・製本	株式会社シナノ パブリッシング プレス

乱丁・落丁本が万が一ございましたら、小社営業部まで着払いにてご送付ください。送料小社負担にてお取り替えいたします。本書の内容の一部あるいは全部を無断で複写（コピー）することは、かたくお断りいたします。本書の内容に関するご質問等は、小社科学書籍編集部まで必ず書面にてご連絡いただきますようお願いいたします。

©名倉真紀、今野紀雄　2018 Printed in Japan　ISBN 978-4-7973-6444-6

SB Creative